全国高等职业教育"十三五"规划教材

Div+CSS 网页制作实战教程

主编　周苏峡

副主编　陈文明　陈玉平　何峡峰　刘本军

机械工业出版社

网页设计与制作是一门综合性学科，涉及美工设计、图像处理、动画制作、HTML、Div + CSS 布局排版、网页脚本设计等多方面的内容。

本书是作者在多年从事网页设计与制作课程教学及网站开发实践的基础上，采用工作任务驱动的教学方法，对网页静态模板制作流程中所涉及的主要知识点进行了梳理，涵盖的内容包括网站创建、页面配色、HTML标签、Div + CSS 布局、JavaScript 基础等，其中对 HTML5 的新增标签和CSS3 的新增属性进行了补充讲解，最后本书提供了一个网站设计综合实训，逐步引导学生完成整体网站首页及分页界面的制作。

本书共分 5 个项目单元，分别是网站建设基础知识、HTML 网页文档的编辑、网页外观制作技术、网页的脚本设计、网页制作综合实训。

本书层次清楚，内容丰富，代码遵循 Web 标准，简洁实用，特别适合作为高职高专院校的网页设计与制作及相关课程用书或培训教材，也可作为中职院校计算机应用、计算机网络技术等专业相关课程的教材及广大网页设计制作爱好者的学习参考书。

本书配有授课电子课件，需要的教师可登录 www.cmpedu.com 免费注册、审核通过后下载，或联系编辑索取（QQ:1239258369，电话:010 – 88379739）。

图书在版编目(CIP)数据

Div + CSS 网页制作实战教程/周苏峡主编 .—北京:机械工业出版社，2017.8

全国高等职业教育"十三五"规划教材

ISBN 978–7–111–57784–3

Ⅰ.①D… Ⅱ.①周… Ⅲ.①网页制作工具 – 高等职业教育 – 教材
Ⅳ.①TP393.092

中国版本图书馆 CIP 数据核字(2017)第 203240 号

机械工业出版社(北京市百万庄大街 22 号 邮政编码 100037)
策划编辑:鹿 征 责任编辑:鹿 征
责任校对:张艳霞 责任印制:李 昂

三河市国英印务有限公司印刷

2017 年 8 月第 1 版·第 1 次印刷
184mm×260mm·15.75 印张·381 千字
0001–3000 册
标准书号: ISBN 978–7–111–57784–3
定价: 42.80 元

全国高等职业教育"十三五"规划教材
计算机专业编委会成员名单

出 版 说 明

《国务院关于加快发展现代职业教育的决定》指出：到 2020 年，形成适应发展需求、产教深度融合、中职高职衔接、职业教育与普通教育相互沟通，体现终身教育理念，具有中国特色、世界水平的现代职业教育体系，推进人才培养模式创新，坚持校企合作、工学结合，强化教学、学习、实训相融合的教育教学活动，推行项目教学、案例教学、工作过程导向教学等教学模式，引导社会力量参与教学过程，共同开发课程和教材等教育资源。机械工业出版社组织全国 60 余所职业院校（其中大部分是示范性院校和骨干院校）的骨干教师共同策划、编写并出版的"全国高等职业教育规划教材"系列丛书，已历经十余年的积淀和发展，今后将更加紧密结合国家职业教育文件精神，致力于建设符合现代职业教育教学需求的教材体系，打造充分适应现代职业教育教学模式的、体现工学结合特点的新型精品化教材。

"全国高等职业教育规划教材"涵盖计算机、电子和机电 3 个专业，目前在销教材 300 余种，其中"十五""十一五""十二五"累计获奖教材 60 余种，更有 4 种获得国家级精品教材。该系列教材依托于高职高专计算机、电子、机电 3 个专业编委会，充分体现职业院校教学改革和课程改革的需要，其内容和质量颇受授课教师的认可。

在系列教材策划和编写的过程中，主编院校通过编委会平台充分调研相关院校的专业课程体系，认真讨论课程教学大纲，积极听取相关专家意见，并融合教学中的实践经验，吸收职业教育改革成果，寻求企业合作，针对不同的课程性质采取差异化的编写策略。其中，核心基础课程的教材在保持扎实的理论基础的同时，增加实训和习题以及相关的多媒体配套资源；实践性较强的课程则强调理论与实训紧密结合，采用理实一体的编写模式；涉及实用技术的课程则在教材中引入了最新的知识、技术、工艺和方法，同时重视企业参与，吸纳来自企业的真实案例。此外，根据实际教学的需要对部分课程进行了整合和优化。

归纳起来，本系列教材具有以下特点。

1）围绕培养学生的职业技能这条主线来设计教材的结构、内容和形式。

2）合理安排基础知识和实践知识的比例。基础知识以"必需、够用"为度，强调专业技术应用能力的训练，适当增加实训环节。

3）符合高职学生的学习特点和认知规律。对基本理论和方法的论述容易理解、清晰简洁，多用图表来表达信息；增加相关技术在生产中的应用实例，引导学生主动学习。

4）教材内容紧随技术和经济的发展而更新，及时将新知识、新技术、新工艺和新案例等引入教材。同时注重吸收最新的教学理念，并积极支持新专业的教材建设。

5）注重立体化教材建设。通过主教材、电子教案、配套素材光盘、实训指导和习题及解答等教学资源的有机结合，提高教学服务水平，为高素质技能型人才的培养创造良好的条件。

由于我国高等职业教育改革和发展的速度很快，加之我们的水平和经验有限，因此在教材的编写和出版过程中难免出现问题和疏漏。我们恳请使用这套教材的师生及时向我们反馈质量信息，以利于我们今后不断提高教材的出版质量，为广大师生提供更多、更适用的教材。

机械工业出版社

前　　言

在互联网蓬勃发展的今天，每个企业或个人都希望在 Internet 上拥有自己的一片天地，以展示自身形象和宣传产品，网页正是作为这样一种信息表现媒介得到了充分的重视和广泛的应用。

本书作为一本介绍网页制作的教材，主要从实际的工作过程需要和知识的实用性来讲解网页制作的知识点，在完成各个工作任务的过程中逐步展开所涉及的知识点。

本书内容丰富实用，理论与实践紧密结合，在网页制作的教学和应用开发中坚持遵守Web 标准、坚持制作流程的规范化及代码的简洁实用性等设计理念。

本书项目 5 的综合实训提供了一个综合网站应用实例，供读者在整周实训或课程设计中选用。

为达到较好的学习效果，本书的计划学时应不低于 120 学时，其中课堂讲授 45 学时，上机操作 45 学时，再加 30 学时的综合实训。

本书的项目 1 由陈文明编写，项目 2 和项目 3 由周苏峡编写，项目 4 由陈玉平、何峡峰编写，项目 5 由刘本军、张菁嵘、黄亚娴、王靓靓、刘桂兰等编写，全书由周苏峡统稿。

由于本书的编写时间仓促，书中难免有不妥与疏漏之处，敬请各位读者批评指正。

编　者

目　　录

项目1 网站建设基础知识

知识技能目标

- 了解网站的基本概念
- 了解网站的创建流程
- 了解 Web 服务器的安装与配置
- 了解网站的分类及网页色彩的使用

任务1.1 网站的创建流程

1.1.1 任务分析

网页制作出来只有放到 Web 服务器上才能让 Internet 所有用户浏览到，当浏览器（客户端）连到 Web 服务器上并请求页面时，Web 服务器会处理该请求并将页面信息发送到该浏览器上，附带的信息会告诉浏览器如何查看该文件（即文件类型），Web 服务器与客户端使用 HTTP（超文本传输协议）进行信息交流。

某企业将其网站静态模板设计外包给我们，我们首先应分析一下用户需求，再推荐企业到底采用何种技术向浏览者呈现页面内容。下面先了解一下有关网站及网页的相关知识。

1.1.2 网站服务器的创建流程

网站服务器的创建大致要经历域名申请、网站系统技术方案的选择、规划与实现应用系统（含网页设计与制作）、网站的发布与推广、系统的更新维护等几个阶段。

1. 域名申请

域名是网站在 Internet 中的门牌号码，域名申请是为网站在 Internet 上申请名字。注册域名是建立网站的第一步，只有通过注册域名企业才能在互联网上占有一席之地。

（1）域名的管理

为了保证国际互联网络的正常运行和向全体互联网络用户提供服务，国际上设立了国际互联网络信息中心（INIC），为所有互联网络用户服务。我国也组建了中国互联网络信息中心（CNNIC），颁布有《中国互联网络域名管理办法》。

（2）域名申请与注册

现在有许多网站受理域名注册业务，一般流程如图 1-1 所示。

除了上述的自主申请域名，也有不少是在租用空间时被附赠一个域名。申请网址空间服务，一般应考察以下几个方面：

- 域名费和空间使用费；

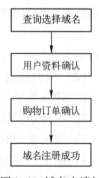

图 1-1　域名申请与
注册流程

- 网站空间大小及服务期限；
- 是否支持动态网页，使用何种数据库，数据库容量大小及收费标准；
- 文件上传和下载的管理方式（如 FTP 方式、Web 方式等）；
- 编程技术（如使用 CGI、PHP、JSP、ASP 或 ASP. NET 等）；
- 首页文件名（如 index. html、index. php、index. jsp、index. asp、index. aspx 等）；
- 空间提供者的其他规定。

（3）域名解析

域名注册成功后，需要进行域名解析才能让用户使用。域名解析是将域名映射成 Web 服务器 IP 地址的转换过程。网站 Web 服务器的 IP 地址确定下来后，把 IP 地址和主机名告诉域名管理中心，便可以进行域名解析了。

2. 网站系统技术方案的选择

（1）确定网站的运行平台

通常，企业或个人需要根据应用规模、网站预计的访问流量、建站的投资大小及以后网站运营的费用等指标，来选择网站的运行平台。常用的网站运行平台有虚拟主机、服务器托管和租用专线三种方式。

1）虚拟主机。虚拟主机是指在 ISP（Internet 服务商）或 ICP（Internet 内容提供者）的服务器上开辟出一块空间存储用户的网页，即在 ISP 的 Web 服务器上建立用户的私有目录，并通过域名解析把该目录作为用户网站的根目录。

虚拟主机适合于个人或小型企事业单位建立信息量少、信息管理不复杂的网站，但基于性能和安全性方面的考虑，不太适合于电子商务网站。通过租用空间来建立自己的 Web 站点，优点是省心省钱，企事业单位或个人仅需设计或提供网页信息，利用 FTP（文件传输协议）进行页面信息内容的上传下载等管理操作。

2）服务器托管。企业或个人自行购买、配置、安装 Web 服务器后，将其托管在能与 Internet 相连的服务商处，拥有者主要通过远程维护的方式管理自己的网站系统。Web 服务器放在托管商机房，使用托管商提供的 IP 地址。由于托管是自己的服务器设备，用户可以根据自己的需要建设网站，适合于中小企业开展网络活动。

相对于租用专线来说，托管可以降低运营成本，但在安全性及传输性能上仍略显不足。

3）租用专线。网站所有者租用专线后，可以把服务器放置在自己企业的内部，这样能够灵活地建设和管理自己的 Web 应用系统。此方式建站费用和运营费用较高，适用于对系统信息安全性要求较高的场合。

通过专线接入，常用的做法是企业使用路由器，通过 DDN 专线连入数据局端路由器，从而使企业网站、内部网接入 Internet。

（2）根据网站规模和运行平台选择技术方案

1）选择系统硬件设备。

2）选择系统软件环境。

3）确定系统的开发方案，如选购商用软件还是自行开发。

4）确定网站的安全措施，如防止黑客、病毒、商业欺诈等的技术方案。

3. 规划与实现应用系统

规划与实现应用系统主要指网站形象识别设计和网站页面内容的整体设计。网站形象识别设计包括网站LOGO、标语等特征设计；网站的内容和结构设计即制作网页和编制后台程序，实现网站的全部功能。

4. 网站的发布与推广

网站的建设不是一劳永逸的，根据业务的不断发展，网站的内容也需要做相应的更新，另外要让更多的浏览者访问网站，网站推广也是一项重要的工作。

网站的推广一般有以下几种方式。

1）在各大搜索引擎上注册。

2）在各种媒体中对网站的内容、地址和特点进行宣传，扩大网站的影响。

3）在访客量较大的 BBS 上发布广告信息。

4）通过电子邮件将网站的信息发送给客户和消费者。

5）与其他类似网站建立友情链接。

5. 系统的更新维护

应定期对网站的服务器、数据库、网页程序进行检测、数据备份、监控管理与功能升级等。所以网站的建设是一个循环的、螺旋式上升的过程。

1.1.3 IIS 的安装与配置

1. IIS 简介

IIS 是 Internet Information Services 的缩写，意为互联网信息服务，是由微软公司提供的基于 Windows 系统的互联网基本服务。IIS 最初是 Windows NT 版本的可选包，随后内置在 Windows 的 Server 版本及 Windows XP/7/10 的个人版本中。IIS 的版本与操作系统版本对照表如表 1-1 所示。

表 1-1　IIS 的版本与操作系统版本对照表

IIS 版本	Windows 版本	备　注
IIS 1.0	Windows NT 3.51 Service Pack 3s@ bk	
IIS 2.0	Windows NT 4.0s@ bk	
IIS 3.0	Windows NT 4.0 Service Pack 3	开始支持 ASP 的运行环境
IIS 4.0	Windows NT 4.0 Option Pack	支持 ASP 3.0
IIS 5.0	Windows 2000	在安装相关版本的 .Net FrameWork 的 RunTime 之后，可支持 ASP. NET 1.0/1.1/2.0 的运行环境
IIS 6.0	Windows Server 2003 Windows Vista Home Premium Windows XP Professional x64 Editions@ bk	
IIS 7.0	Windows Vista Windows Server 2008s@ bkIIS Windows 7	在系统中已经集成了 .NET 3.5。可以支持 .NET 3.5 及以下的版本

IIS 是一种 Web（网页）服务组件，其中包括 Web 服务器、FTP 服务器、NNTP 服务器和 SMTP 服务器，分别用于网页浏览、文件传输、新闻服务和邮件发送等方面，它使得在网络（包括互联网和局域网）上发布信息成为一件很容易的事。以下只介绍 IIS 的 WWW 服务的安装与配置。

2. IIS 的安装与配置

以下介绍在 Windows 7 下 IIS 的 WWW 服务的安装与配置方法。

1）进入控制面板，选择"程序和功能"，再选择左边的"打开或关闭 Windows 功能"，如图 1-2 所示。

图 1-2 "打开或关闭 Windows 功能"对话框

2）在打开的"Windows 功能"对话框中选中"Internet 信息服务"选项，如图 1-3 所示。

3）单击"确定"按钮后开始安装此功能，安装完毕后会在控制面板中的"管理工具"中出现"Internet 信息服务（IIS）管理器"快捷方式，如图 1-4 所示。

4）双击此快捷方式启动 IIS 管理器，出现图 1-5 所示的 IIS 管理器主界面。

5）展开左侧窗口中的网站名称，右键单击"Default Web Site"，选择"管理网站"→"高级设置…"，如图 1-6 所示。

6）将"高级设置"对话框中的"物理路径"指向网站文件夹，这里假设为 E:\my-web，如图 1-7 所示。

图 1-3 "Windows 功能"对话框

图 1-4　管理工具中出现 "Internet 信息服务（IIS）管理器" 的快捷方式

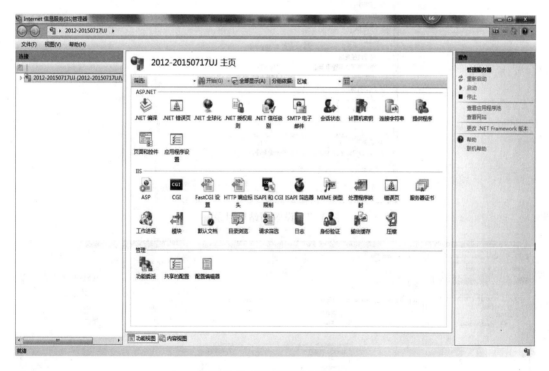

图 1-5　IIS 管理器主界面

7）双击 "默认文档" 图标，在右侧窗口中单击 "添加"，在弹出的 "添加默认文档"
对话框中输入 "index. html"，此即为网站首页文件名，然后单击 "确定" 按钮。至此，对
于网站静态页面的访问已经设置完毕，如图 1-8 所示。

图 1-6 选择"高级设置"

图 1-7 设置网站根目录

图 1-8 输入网站首页文件名

1.1.4 Apache 的安装与配置

除 IIS 外，Apache 也是使用非常广泛的 Web 服务器软件，它的主要特点是能够跨平台和安全性较高，可以运行在几乎所有计算机平台上，常见的有 Windows 版和 Linux 版。

1. WAMP 简介

WAMP 即 Windows + Apache + MySQL + PHP 的简称，是基于 Windows 平台（也有基于 Linux 平台的 LAMP，这里不作介绍）用于搭建动态网站或 Web 服务器的软件组合。它们本来都是各自独立的程序，但是因为常被放在一起使用，拥有了越来越高的兼容度，共同组成了一个强大的 Web 应用程序平台。

2. WAMP 的安装及环境配置

（1）运行安装程序 wamp.exe

运行界面如图 1-9 所示，按照提示安装即可。

安装完成后，右键单击任务栏中的  图标，选择 "Language" → "chinese" 将 WAMP 界面设为中文，如图 1-10 所示。

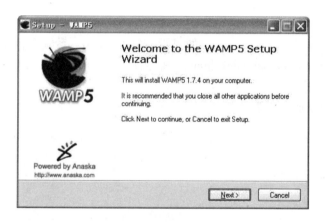

图 1-9　WAMP 安装界面

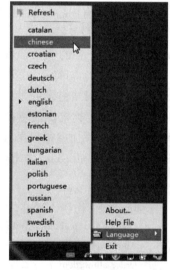

图 1-10　将 WAMP 界面设为中文

注意，如果任务栏图标显示为 （部分黄色）则表示 Apache 的部分服务停止，图标显示为 （左下角红色）则表示全部服务停止。如果系统已经启动 IIS，则要先停止 IIS，再启动 Apache 服务。启动 Apache 服务的方法是单击 WAMP 图标，选择 "Apache" → "启动/继续服务"，如图 1-11 所示。

（2）设定 Apache 安装目录（可选）

按图 1-12 的操作打开配置文件 httpd.conf，文档中凡是以 "#" 开头的为注释行。

找到文档中 ServerRoot 这段，将它设成 Apache 安装目录，如 "D:/Apache Group/Apache2"，默认为 "C:/wamp/apache2"。

（3）设置 Apache 网站根目录（可选）

打开配置文件 httpd.conf，找到 DocumentRoot 这段，设置网站的根目录，例如 DocumentRoot "C:/wamp/www"，默认为 "C:/wamp/www"。

图 1-11　启动 apache 服务　　　　　图 1-12　编辑配置文件 httpd.conf

（4）复制文件

将自己网站的所有内容复制到网站根目录 C:\wamp\www 中。这里有可能还要修改页面的数据库连接串中的服务器地址。

（5）设置 Apache 中的默认首页（可选）

打开配置文件 httpd.conf，找到 DirectoryIndex 这段。把它改成 DirectoryIndex index.php index.html，这样，网站目录的默认首页就是 index.php，如果没有 index.php，系统会自动寻找 index.html，依次类推。注意在 index.php 和 index.html 之间要有一个空格。

（6）为 Apache 添加虚拟目录（可选）

打开配置文件 httpd.conf，在最后添加如下语句：

```
Alias /web    "E:/web/"
    < Directory "E:/web" >
      Options IndexesFollowSymLinks
      AllowOverride None
      Order allow,deny
      Allow from all
    </Directory >
```

重新启动服务，然后在浏览器中输入 http://localhost/web/ 就可以访问 E:/web 网站了。注意设置虚拟目录名称中最好不要使用汉字。

（7）显示自己的前台页面

在浏览器地址栏输入 http://localhost，启动自己的网站首页。

（8）设置本地或局域网调试时用 IP 地址访问网站（可选）

打开配置文件 httpd.conf，将其中的 Allow from 127.0.0.1 都改为 Allow from all，再重启所有服务。

（9）Apache 下页面找不到时禁止目录浏览（可选）

打开配置文件 httpd.conf，找到 Options IndexesFollowSymLinks，在 Indexes 前面加上"－"符号，再重启 Apache。

（10）修改 WAMP 中 MySQL 数据库默认的空密码（可选）

WAMP 安装好后，MySQL 数据库密码是空的，可通过以下操作修改其密码。

首先，通过 WAMP 打开 MySQL 控制台，如图 1-13 所示。

提示输入密码，因为当前密码是空，所以直接按〈Enter〉键，然后输入"use mysql"，意思是使用 MySQL 这个数据库，如提示"Database changed"则表示成功切换到 MySQL 数据库，如图 1-14 所示。

图 1-13　打开 MySQL 控制台　　　图 1-14　通过命令行选择 MySQL 数据库

然后输入修改用户密码的 SQL 语句：

update user set password = PASSWORD（'123456'）where user = 'root'；

注意，SQL 语句结尾的分号不能少。然后输入命令"flush privileges；"，不输入则修改的密码不会生效，最后输入"quit"退出。

修改密码后，WAMP 自带的数据库访问工具 PHPmyadmin 就不能正常访问了，需要修改一下 phpmyadmin 的配置：找到 X：\wamp\phpmyadmin\config. inc. php 文档，打开找到 $cfg['Servers'][$ i]['password'] = '';在引号里输入修改的密码（这里为 123456）就行了。

（11）为 PHP 分配更大内存

打开 php. ini，将 memory_limit 由 8 MB 改成 16 MB（或更大），重启 Apache 服务。

注意：为了系统其他资源能正常使用，请不要将 memory_limit 设置太大，如果设为 -1，表示不限大小。

（12）修改 WAMP 的默认端口

WAMP 默认端口是 80，如其他程序已经占用该端口，可以换别的，方法如下。

1）修改 APACHE 的监听端口。

① 打开配置文件 httpd. conf。

② 找到 Listen 80 和 ServerName localhost：80。

③ 将 80 改成 801（也可以设成别的，如 8000 等）。

④ 保存，重启 WAMP 服务。

2）修改 WAMP 打开默认页 Localhost 和 phpMyadmin 的端口。

① 打开 WAMP 目录下 wampmanager. tpl 文件。

② 找到

Parameters：" http：//localhost/"；Glyph：5

Parameters：" http：//localhost/phpmyadmin/"；Glyph：5

③ 改成

Parameters：http：//localhost:801/；Glyph：5

Parameters：" http：//localhost:801/phpmyadmin/"；Glyph：5

④ 保存，重启 WAMP 所有服务。

（13）避免 PHP 的 POST 或 GET 提交的内容中单引号、双引号自动加反斜杠

找到配置文件 PHP. INI 中的 magic_quotes_gpc = On；，将 On 改成 Off。

（14）开启 PHP 短标签支持

将 php. ini 中"short_open_tag"的值由 Off 改成 On。这样 <？php …… ；？> 就可写成
<？ …… ；？> 的简化形式了。

3. 查看系统某个端口被谁占用

1）选择"开始"菜单→"运行"→"cmd"，调出命令行窗口。

2）列出所有端口的情况：

netstat – ano

3）查看被占用端口对应的 PID（进程 ID 号）：

netstat – aon|findstr "端口号"

4）查看 PID 对应的进程名：

tasklist|findstr "PID 值"

或者打开任务管理器，切换到进程选项卡，在 PID 一列查看 2720 对应的进程是谁，如
果看不到 PID 这一列，可以单击菜单"查看"→"选择列"，对 PID 列打勾。

1.1.5 网站内容的上传与下载

使用服务器的 FTP 服务功能可以对网站文件资源进行上传与下载，这个功能的实现既
可以通过执行 FTP 命令，也可以使用 FTP 客户端工具软件，使用后者更加直观简便。FTP
客户端工具软件有很多，下面以 FlashFXP 这个 FTP 客户端软件为例说明网站文件的上传与
下载等管理操作。

1. FlashFXP 简介

FlashFXP 是一款功能强大的 FXP/FTP 软件，它集成了其他优秀的 FTP 软件的优点，比
如 CuteFTP 的目录比较，支持彩色文字显示；又如 BpFTP 的支持多目录选择文件；还有如
LeapFTP 的界面体验，支持目录（和子目录）的文件传输与删除操作；支持上传、下载及第
三方文件的续传；可以跳过指定的文件类型，只传送需要的文件；可自定义不同文件类型的
显示颜色；暂存远程目录列表，支持 FTP 代理及避免闲置断线功能，防止被 FTP 平台踢出；
可显示或隐藏具有"隐藏"属性的文档和目录；支持每个平台使用被动模式等。目前 Flash-
FXP 的最新版本为 5.4，下面仅以 3.4 版本的界面为例进行讲解。

2. FlashFXP 安装

1）运行安装主程序，按提示安装完毕后会出现图 1-15 所示的界面，要求输入密钥。

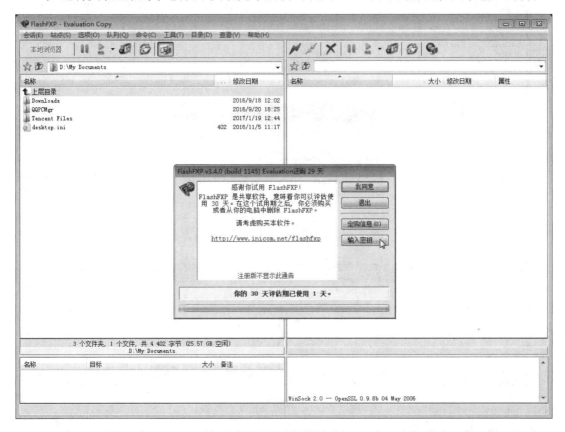

图 1-15　安装完后要求输入密钥

2）复制序列号文本，单击"输入密钥"按钮，在图 1-16 所示的注册框中输入序列号文本，然后单击"确定"按钮。

3）密钥输入正确则出现图 1-17 的 FlashFXP 主界面。

3. 连接 Web 服务器

1）单击图 1-17 中的连接按钮 ，在弹出的"快速连接"对话框中输入 Web 服务器的域名、登录用户的名称及登录密码，然后单击对话框中的"连接"按钮，如图 1-18 所示。

2）如果输入的连接信息正确，将出现图 1-19 所示的界面，其中左侧窗口为本地信息，右侧窗口为 Web 服务器上网站的文档信息，至此，可以进行网站文档的管理了。

4. 网站文档的管理

从图 1-19 中可以看到，FlashFXP 的操作界面类似 Windows 的资源管理器，实际上操作也是大同小异，具体如下。

（1）文档上传

在左侧窗口选择文档拖放到右侧窗口，或者在左侧窗口选择文档后右键单击，在快捷菜单中选择"传送"命令，都会将选定的文档上传到服务器的当前文件夹。

图 1-16　在注册框中输入密钥

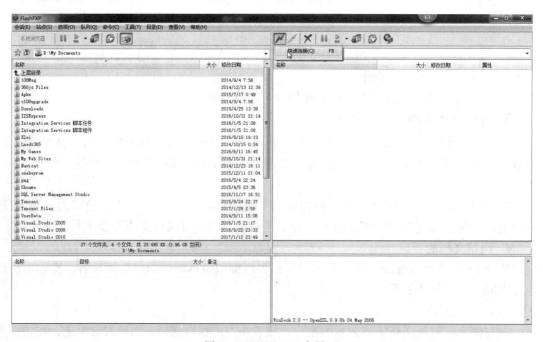

图 1-17　FlashFXP 主界面

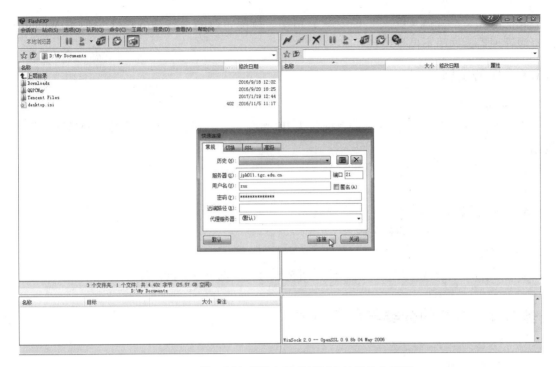

图 1-18　输入服务器域名及登录用户的账号和密码

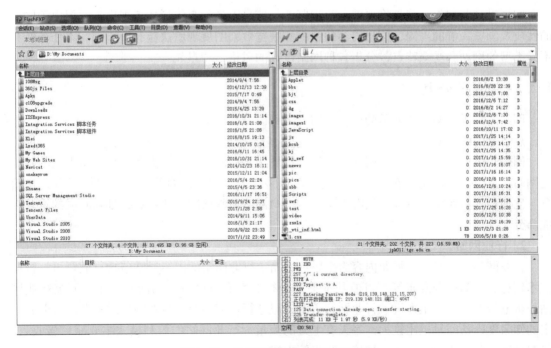

图 1-19　已经连接远程的 Web 服务器

（2）文档下载

操作：在右侧窗口选择文档拖放到左侧窗口，或者在右侧窗口选择文档后右键单击，在快捷菜单中选择"传送"命令，都会将选定的文档下载到本地计算机的当前文件夹。

其他诸如文档（或文件夹）的复制、粘贴、删除、改名、移动等操作类似于 Windows 的资源管理器，这里不再赘述。

1.1.6　任务实施

1. 任务场景

安装并配置一个 IIS，将自己的页面放入 IIS 主目录，并设置首页，让其他同学访问你的网站。

2. 操作环境

Windows 7，Dreamweaver。

3. 操作步骤

参见本书第 1.1.3 节的相关内容。

4. 课堂练习

安装并配置一个 WAMP，并能够运行网站根目录中的 index. php 页面。

任务1.2　网站的分类与用色基础

1.2.1　任务分析

网页设计与制作，就是将要展示给浏览者的信息以各种媒体形式表现出来，但由于网站的性质及浏览人群的不同，信息内容的组织和视觉效果的展现手法应有所不同。本任务针对不同类型的网站和受众特点，分析各种网站设计的风格与特点。

1.2.2　网站的分类

网站的种类繁多，从展示的信息不同大致可以分类如下。

1. 大型门户网站

国内知名的新浪、搜狐、网易、腾讯等都属于大型门户网站。大型门户网站类型的特点是网站信息量大，信息更新及时，网站大多以咨询、新闻等内容为主，也包括很多分支信息，比如房产、经济、科技、旅游等。大型门户网站通常访问量非常大，是互联网的重要组成部分。

2. 行业网站

行业网站是以某一个行业内容为主题的网站。行业网站的内容通常包括行业资讯、行业技术信息、产品广告发布等。目前基本上每个行业都有自己行业的网站，比如五金行业网站、机电行业网站、工程机械行业网站、旅游服务行业网站等。行业网站通常在该行业有一定的知名度，访问量也比较大，每天有上万的流量。行业网站的盈利模式主要靠广告收入、付费商铺、联盟广告、软文、链接、买卖等方式盈利。

3. 交易类网站

交易类网站主要包括 B2B、B2C、C2C 等类型。交易类网站以在网站产生销售为目的，通过产品选择→订购→付款→物流发货→确认发货等流程实现产品的销售。国内知名的交易网站有阿里巴巴、淘宝、京东等。

4. 分类信息网站

分类信息网站好比互联网上的集贸市场，有人在上面发布信息销售产品，有人在上面购买物品。分类信息主要面向同城，是同城产品销售的重要平台。国内知名的分类信息包括58同城、百姓、列表等。如果你有闲置的物品，那么分类信息为你提供了最好的销售平台。

5. 论坛

论坛是一个交流的平台，注册论坛账号并登录以后，就可以发布信息，也可以信息回帖等，以实现交流的功能。

6. 政府网站

电子政务也是互联网的重要应用。政府网站由政府和行政事业单位主办，通常内容比较权威，是政府对外发布信息的平台。目前国内政府和事业单位基本上都有自己的网站。

7. 功能性质网站

网站提供某一种或者几种功能，比如站长工具、电话手机号码查询、物流信息查询、火车票购买等。功能性网站以实现某一种或者几种功能为主要服务内容，用户也是为了实现某种功能来浏览该网站。

8. 娱乐类型网站

娱乐类型网站主要包括视频网站（如优酷、土豆等）、音乐网站、游戏网站等。由于需求量很大，通常娱乐网站的浏览量也非常大，主要以视频网站、游戏娱乐网站最为突出。

9. 企业网站

现在几乎每一个企业都有自己的企业网站，网站内容包括企业的新闻动态、产品信息、企业简介、企业的联系方式等内容。企业网站是企业对外展示的窗口，也是企业销售产品的重要方式。

10. 个人网站

个人网站的特点是网站规模较小，主题比较单一，但可以做得比较唯美。例如表现情感、文学、艺术等方面的感悟与交流等。个人网站的受众主要是个人的人脉及粉丝之间的相互传播，网站的内容由网站拥有者负责整理和编辑。

11. 主题网站

主题网站通常深度介绍某种知识，如军械或某种动植物，通常是这类知识的发烧友或骨灰级玩家所办。

1.2.3 网页配色原则

当人们第一眼看到一个页面，首先映入眼帘的就是页面的色彩，所以说颜色对于浏览者是非常敏感的，是树立网站形象的关键之一。网站的类型不同、表现的主题内容不同、网页浏览的人群不同，这些都对页面配色有着不同的要求。下面了解一些色彩的基本知识。

1. 色彩的形成

1）颜色是由光的折射而产生的。

2）所有色彩都可以用红、绿、蓝这三种色彩调和而成。HTML语言中的色彩表达即是用这三种颜色的数值表示。例如，红色的十六进制表示为（FF0000），白色为（FFFFFF），"bgColor = #FFFFFF"是指背景色为白色。

3）颜色分非彩色和彩色两类。

非彩色即黑、白、灰色系。彩色即除了非彩色以外的所有色彩。

4）任何色彩都有饱和度和透明度的属性，属性的变化产生不同的色相，所以能表现出几百万种颜色。

2. 色环

色环就是将彩色光谱中的长条形色彩序列首尾连接在一起，使红色连接到另一端的紫色而形成的一个颜色环。色环通常包括 12 种基本颜色，如图 1-20 所示。

（1）基色

基色是最基本的颜色，通过按一定比例混合基色可以产生任何其他颜色。现在大多是用红、绿、蓝（RGB 模式）作为基色进行颜色显示（加色法），例如计算机显示器。而彩色喷墨打印机，是用青、品红、黄、黑四种颜色的减色法（CMYK 模式）。显示器叠

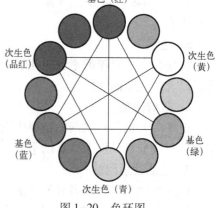

图 1-20　色环图

加出像素的彩色，而纸张上的墨水则从它反射的光中吸收了某种颜色。

（2）次生色

将色环中任何两种相邻的基色混合可获得另一种颜色，这种颜色就是次生色，如青、品红和黄。加色法中的次生色就是减色法中的基色，巧合的是，减色法中的次生色也就是加色法中的基色，这就是加色模式和减色模式之间的相互关系。

（3）三次色

为了完成色环，再次找到已填入色环的颜色之间的中间色，幸运的是，这些三次色对于加色法和减色法都是相同的。

3. 颜色之间的相互关系

（1）相似色

相似色是指某种给定颜色旁边的颜色。例如橙色的两个相似色是红色和黄色。使用相似色的配色方案可以提供颜色的协调和交融，显得层次丰富而自然。

（2）互补色

互补色也称为对比色（反差最大），它们在色环上相互正对。如果希望更鲜明地突出某些颜色，则选择对比色，如黄色和蓝色。

（3）分列的互补色

一种颜色，先找到它的互补色，该互补色两边的两种颜色即是。

（4）三色组

三色组是色环上等距离的任何三种颜色。在配色方案中使用三色组时，颜色对比均比较强烈，如基色和次生色均是三色组。

（5）暖色

暖色由红色调构成，如红色、橙色和黄色。暖色给人以温暖、舒适、有活力的感觉，这些颜色产生的视觉效果使其更贴近观众，并在页面上更显突出。

（6）冷色

冷色来自于蓝色调，如蓝色、青色和绿色，这些颜色使配色方案显得稳定和清爽，它们

看起来还有远离观众的效果，所以适于做页面背景。

4. 色彩的三要素

1）明度：是指色彩的明暗程度，也称亮度。明度由光的振幅决定，振幅越大亮度越高。

2）色相：是色彩的相貌，是一种色彩区别另一种色彩的表面特征，它是由光的波长引起的一种视觉感。色相秩序的确定是根据太阳光谱的波长顺序排列的，即红、橙、黄、绿、蓝、紫等，它们是所有色彩中最突出、纯度最高的典型色相。

3）纯度：即色彩所含的单色相饱和的程度，也称为彩度。决定颜色纯度的因素有多方面，从光的角度讲，光波波长越单一，色彩越纯；光波波长越混杂，比例越均衡，各单色光的色性就会消失，纯度为零。同一高纯度色彩在光线照射下，色彩的纯度也相应降低。

色彩的三要素是互相依存、互相制约的，很难截然分开，其中任何一个属性的改变，都将引起色彩个性的变化。

5. 网站配色标准与原则

（1）特色鲜明

一个网站的用色必须要有自己独特的风格，要与表现的内容相和谐，还要考虑受众人群的年龄、层次等特点，这样才能显得个性鲜明，主题突出，和谐自然，给浏览者留下深刻的印象。

（2）搭配合理

网页设计虽然属于平面设计的范畴，但它又与其他平面设计不同，它在遵从艺术规律的同时，还考虑观众的生理特点。色彩搭配一定要合理，给人一种和谐、愉快的感觉。

（3）讲究艺术性

网站设计也是一种艺术活动，因此它必须遵循艺术规律，在考虑到网站本身特点的同时，按照内容决定形式的原则，大胆进行艺术创新，设计出既符合网站要求，又有一定艺术特色的网站。

6. 色彩与心理

（1）黄色

黄色是各种色彩中，最为娇气的一种色，具有冷漠、高傲、敏感、扩张和不安宁的视觉印象。

在纯黄色中混入少量的其他色，其色相感和色彩性格均会发生较大程度的变化。

- 在黄色中加入少量的蓝，会使其转化为一种鲜嫩的绿色，其高傲的性格也随之消失，趋于一种平和、潮润的感觉。
- 在黄色中加入少量红，则具有明显的橙色感觉，其性格也会从冷漠、高傲转化为一种有分寸感的热情、温暖。
- 在黄色中加入少量的黑，其色感和色性变化最大，成为一种具有明显橄榄绿的复色印象，其色性也变得成熟、随和。
- 在黄色中加入少量的白，其色感变得柔和，其性格中的冷漠、高傲被淡化，趋于含蓄，易于接近。

案例赏析一如图1-21所示。

（2）红色

红色容易引起人的注意，也容易使人兴奋、激动、紧张、冲动，也容易使人视觉疲劳。红

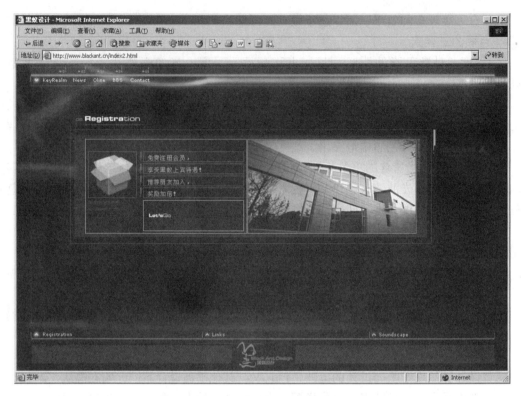

图 1-21　案例赏析一

色色感温暖，性格刚烈而外向，是一种对人刺激很强的颜色。在红色中混入其他颜色的感觉如下。

- 红色中加入少量黄，会使其热力强盛，趋于躁动、不安。
- 红色中加入少量蓝，会使其热性减弱，趋于文雅、柔和。
- 红色中加入少量黑，会使其性格变的沉稳，趋于厚重、朴实。
- 红中加入少量的白，会使其性格变得温柔，趋于含蓄、羞涩、娇嫩。

案例赏析二如图 1-22 所示。

（3）绿色

绿色具有黄色和蓝色两种成分，它将黄色的扩张感和蓝色的收缩感相中和，将黄色的温暖感与蓝色的寒冷感相抵消，这样使得绿色的性格最为平和、安稳。绿色是一种柔顺、恬静、满足、优美的颜色。

- 绿色中黄的成分较多时，其性格趋于活泼、友善，具有幼稚性。
- 绿色中加入少量的黑，其性格就趋于庄重、老练、成熟。
- 绿色中加入少量的白，其性格就趋于洁净、清爽、鲜嫩。
- 绿色与金色搭配会显得很明亮。

案例赏析三如图 1-23 所示。

（4）白色

白色具有圣洁的不容侵犯性，其色感光明，性格朴实、纯洁、快乐。

如果在白色中加入其他任何色，都会影响其纯洁性，使其性格变得含蓄。

图 1-22　案例赏析二

图 1-23　案例赏析三

- 在白色中混入少量红，就成为淡淡的粉色，鲜嫩而充满诱惑。
- 在白色中混入少量黄，则成为一种乳黄色，给人一种香腻的印象。
- 在白色中混入少量蓝，给人感觉清冷、洁净。
- 在白色中混入少量橙，有一种干燥的气氛。
- 在白色中混入少量绿，给人一种稚嫩、柔和的感觉。
- 在白色中混入少量紫，可诱导人联想到淡淡的芳香。

案例赏析四如图1-24所示。

图1-24　案例赏析四

（5）蓝色

蓝色色感冷静，性格朴实而内向，是一种有助于人头脑冷静的色，常为那些性格活跃、具有较强扩张力的色彩提供一个深远、广袤、平静的空间，成为衬托活跃色彩的友善而谦虚的朋友。蓝色还是一种在淡化后仍然能保持较强个性的颜色。如果在蓝色中分别加入少量的红、黄、黑、橙、白等色，均不会对蓝色的性格构成明显的影响力。案例赏析五如图1-25所示。

（6）紫色

紫色的明度在有彩色的色料中是最低的，其低明度给人一种沉闷、神秘的感觉。

- 在紫色中红的成分较多时，使其具有压抑感、威胁感。
- 在紫色中加入少量的黑，其感觉就趋于沉闷、伤感、恐怖。
- 在紫色中加入白，可使紫色沉闷的性格消失，变得优雅、娇气，并充满女性的魅力。

案例赏析六如图1-26所示。

图 1-25　案例赏析五

图 1-26　案例赏析六

1.2.4　任务实施

1. 任务场景

根据用户需求确定网站类型及显示风格，然后使用作图工具绘图并确定网页的配色。

2. 操作环境

Photoshop、Dreamweaver。

3. 操作步骤

1）启动作图工具，绘制网页版面结构图。

2）体验网页配色，为网页选择好背景、前景、焦点等色彩搭配。

4. 课堂练习

1）在网上对各种类型的有代表性的网站进行截图赏析，教师点评。

2）根据需要对自己设计的网站进行版面结构设计与配色设计。

项目 2　HTML 网页文档的编辑

知识技能目标

- 掌握网页切片的操作方法
- 掌握网页编辑软件的操作方法
- 掌握基本的 HTML 标记及其属性

任务 2.1　根据页面效果图切片

2.1.1　任务分析

某公司茶叶网站要展示企业形象和宣传产品，要求如下。

- 网站选色以绿色为主，代表健康和生机。
- 网站有一个较大的 banner 展示动画，展示产品和宣传企业形象。网站首页效果如图 2-1 所示。
- 网页宽度设置为 1003 px。

图 2-1　首页效果图

本任务是根据首页效果图利用 Fireworks 软件进行切片并导出相应的 HTML 文档模板。

2.1.2　Fireworks 基本操作

1. Fireworks 软件介绍

Fireworks 是第一个针对网页而开发的专业图形图像处理软件,它原来是 Macromedia 公司的产品,与 Dreamweaver、Flash 并称为网页三剑客。Macromedia 于 2005 年被 Adobe 公司收购,Fireworks 也成为 Adobe 旗下的一员。

2. Fireworks 的特点

Fireworks 将矢量图像处理和位图图像处理合二为一,避免了图像操作在多个应用程序之间来回迁移。其主要特点如下。

- Fireworks 的工作文档格式为 png 图片,能够保存交互及图层等相关信息供以后编辑使用。
- Fireworks 矢量图形处理能力强,能任意切图、生成鼠标翻转图像等动画效果。
- 具有强大的动画和网络图像生成功能,导出时可以进行图像优化。
- 可以导出带有 HTML 或者 JavaScript 代码的网页文件。
- Fireworks 提供了一个真正集成的 Web 解决方案。

(1) 支持交互式图形

Fireworks 的切片和热点是指网页图形中交互区域的对象。切片是将图像切成不同的部分,可以将变换图像、动画效果和超级链接等应用到这些对象上。Fireworks 导出的网页中,每个切片都放置在一个表格单元格中,而热点可将 URL 链接和行为指定给整个图形或图形的某个部分,切片和热点可以在工作区中快速为图形指定交换图像及行为动作。

(2) 导出图形时进行图形优化

Fireworks 源 PNG 文档可以导出为多种类型的文件,包括 JPG、GIF、GIF 动画和包含多种类型切片图像的 HTML 表格,并且在导出图形时进行不同比例的压缩和图像优化,在文件大小和品质之间取得平衡。

(3) 支持编辑矢量图形和位图图像

矢量图形又称向量图形,它由数学方程式所定义的直线和曲线组成,内容以线条和色块为主。矢量图形特点如下。

- 矢量图由多个对象元素堆砌而成,各对象在计算机中由数学公式描述。
- 每个对象都是实体,具有颜色、形状、轮廓和大小等属性。
- 矢量图中所有对象都是用数学公式表示的,因而图形显示大小与文件大小无关,清晰度也与分辨率无关,将其放大或缩小显示,曲线公式自行计算,不会出现锯齿状边缘,如图 2-2 所示。
- 矢量图在标志设计、插图设计及工程绘图上应用广泛。

位图图像又称为点阵图像,由许多像素点组成,每个像素点有具体的颜色。计算机显示器屏幕可看作一个大的像素网格,在每个像素网格点上显示不同的颜色、亮度等,便会在整体上呈现出一幅图像,这就是位图图像,其特点如下。

- 位图(如图 2-3 所示)可以表现图像中色彩的细微变化,能够制作色彩和色调变化丰富的图像,画面细腻,过渡自然。
- 位图的清晰度与分辨率有关,图像缩放其清晰度都会下降。例如在屏幕上将位图放大，或以低分辨率打印，图像会出现锯齿边缘。

- 位图的文件大小直接与像素点的多少有关，图像幅面越大，文件所占空间就越大。
- 通常位图文件比相同内容的矢量图像文件大，但矢量图不易做出色调或色彩变化丰富、内容复杂的图像。

图 2-2　矢量图形

图 2-3　位图图像

3. Fireworks 的工具箱

为了安装方便，下面以 Fireworks CS3 为例进行操作讲解，其他版本大同小异。

Fireworks 将不同图形对象的操作工具箱分类放置，如图 2-4 所示。

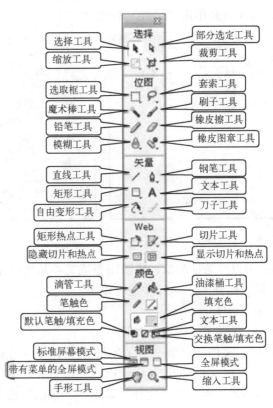

图 2-4　Fireworks 工具箱

图中右下角带有小三角号的都是工具组，用鼠标按住工具组图标1 s后，其隐含的组员图标便会弹出，按住鼠标不放并向右拖动，选择需要的组员并释放鼠标，此工具成员图标便出现在工具箱中，替代了原来的工具组图标。

4. Fireworks 基本操作

在 Fireworks "工具" 面板中，选择的工具决定了创建的对象是矢量图还是位图。例如，从 "工具" 面板的 "矢量" 部分选择钢笔工具，就能绘制矢量路径；选择刷子工具，则可以绘制位图对象；选择文本工具，可以输入文字。绘制或导入矢量、位图对象或文本后，既可以使用各种工具、效果、命令和技术来增强和完成图形，也可以使用 Fireworks 工具编辑导入的 JPG、GIF、PNG、PSD 等图形，对它们进行裁切、润饰、蒙版处理、调整颜色和色调等处理。

（1）创建新文档

PNG 是 Fireworks 的文档格式，创建新文档的步骤如下。

1）选择 "文件" 菜单→ "新建"，打开图 2-5 所示的 "新建文档" 对话框。

2）输入画布宽度和高度，以 "像素/厘米" 为单位输入分辨率，为画布选择白、透明或自定义颜色。

3）单击 "确定" 按钮。

（2）打开和导入文件

Fireworks 可以打开或导入图像文件，步骤如下。

1）选择 "文件" 菜单→ "打开"，打开图 2-6 所示的 "打开" 对话框。

2）选择文件并单击 "打开" 按钮。

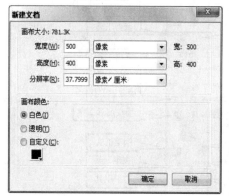

图 2-5 "新建文档" 对话框　　　　　　　　图 2-6 "打开" 对话框

注意：可以将矢量对象、位图图像或文本从支持拖动操作的任何应用程序（如 Flash、Photoshop 等）拖到 Fireworks 中进行编辑。

（3）保存文件

Fireworks 保存文件的步骤如下。

1）选择 "文件" 菜单→ "保存"，打开图 2-7 左边所示的 "另存为" 对话框。

2）如果要将文档导出为其他格式，可以在 "优化" 面板中选择一种文件格式，如图 2-7 右边所示，再选择 "文件" 菜单→ "导出" 命令导出文档。

3）输入保存位置和文件名（扩展名默认 . png），单击 "保存" 按钮。

图 2-7 "另存为"对话框

（4）设置 Fireworks 工作环境

Fireworks 允许用户根据需要，对其运行环境进行个性化的设置，来适应不同的操作习惯，以提高工作效率。操作步骤如下。

1）按组合键〈Ctrl + U〉或选择"编辑"菜单→"首选参数"，弹出图 2-8 所示"首选参数"对话框。

2）选"常规"卡片，在其中设置撤销步骤（默认 20 步）、颜色默认值、启动选项等内容。

3）选"编辑"卡片，在其中设置 Fireworks 的编辑选项，如图 2-9 所示，内容如下。

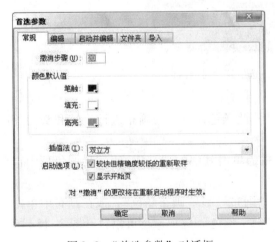

图 2-8 "首选参数"对话框

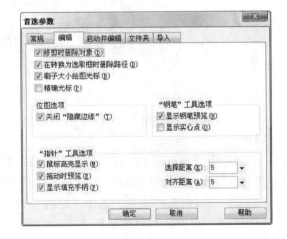

图 2-9 "编辑"选项卡

- 修剪时删除对象：选中该复选框，用户在使用裁剪工具时，裁剪区域外的图像将被删除。
- 在转换为选取框时删除路径：选中该复选框，用户在将路径转换为选取框（修改菜单）后路径将被删除。图 2-10 为不删除路径时的显示情形。
- 刷子大小绘图光标：设置"刷子""橡皮擦""模糊""锐化""减淡""加深""涂

抹"等工具的指针形状。如打勾，显示为十字形指针，否则显示的是工具图标指针。图 2-11 为使用刷子工具时的显示效果。

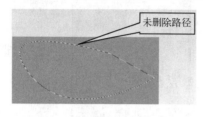

图 2-10　不删除路径时的情形　　　　图 2-11　使用刷子工具时的显示效果

- 精确光标：选中该复选框（不选前一项），在使用工具进行图像编辑时，光标将显示为十字形状，有利于用户对图像的精确定位。
- 在"钢笔工具选项"选项区中，选中"显示钢笔预览"复选框，可在使用钢笔工具单击时，提供将创建的下一个路径段的预览；如图 2-12 所示。"显示实心点"复选框打勾，可将未选中的控制点显示为实心点。

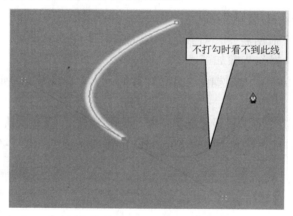

图 2-12　"显示实心点"复选框打勾时的情形

（5）更改画布

新建或打开图像后，可根据需求调整画布尺寸及颜色，以及对画布进行旋转和裁剪等操作。

1）设置画布颜色。打开"新建文档"对话框，单击其中的"自定义"，从调色板中选择合适的颜色作为画布的颜色，如图 2-13 所示。

2）更改画布的颜色。选择"修改"菜单→"画布"→"画布颜色"，或在画布中单击鼠标右键，在弹出菜单中选择"修改画布"→"画布颜色"选项，也可以打开图 2-13a 所示的"画布颜色"对话框。

3）旋转与修剪画布

选择"修改"菜单→"画布"命令，执行旋转画布操作，如旋转 180°、顺时针旋转90°和逆时针旋转 90°等。如果图像四周有空白的画布区域，可选择"修改"菜单→"画布"→"修剪画布"命令，将这些空白区域裁掉。如选择"修改"菜单→"画布"→"符合画布"命令，则系统将自动调整画布尺寸，裁去四周的空白画布区域。如果此时有超出画布的对象，则画布被扩展。

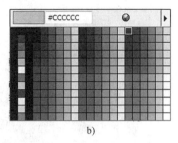

a) b)

图 2-13 设置画布颜色

a)"画布颜色"对话框 b)颜色选择面板

（6）切片工具的使用

一个由图片为主的网页，整幅图像的下载速度较慢。可在 Fireworks 中设定好切片大小后，导出为带有表格的 HTML 文件。该文件中将各幅小图片插入到相应的单元格中，并使表格的格线宽度为 0，使各幅图片之间没有缝隙，看起来就像一幅图片一样，在下载时，图像是从切片的各个位置同时出现（马赛克效果），切割后的总占用空间一般少于原图空间。下面根据已经制作好的图像介绍切片工具的操作步骤。

1）导入图像及画辅助线。

● 新建文档，画布宽设为 500 像素、高设为 375 像素、分辨率设为 72 像素/英寸，画布底色设为白色，单击"确定"按钮。

● 选择"文件"菜单→"导入"命令，导入所需图片，如图 2-14a 所示。

● 选择"视图"菜单→"标尺"命令，将鼠标移到标尺区域中，按下鼠标左键，向图像内拖曳鼠标，拖到一定位置后释放鼠标，画面上出现一条辅助线。从纵向标尺拖动鼠标产生纵向辅助线，从横向标尺拖动产生横向辅助线，如此给画面加若干辅助线，把画面分割成若干区域，如图 2-14b 所示。

a) b)

图 2-14 给画面加若干辅助线

a) 导入图片 b) 添加辅助线

● 如果辅助线位置不合适，将鼠标移到辅助线上，按住鼠标左键直接拖动，将辅助线拖出画面即可删除辅助线。

2）切割图片及优化输出。

① 选择工具箱中的矩形切片工具 ，沿着辅助线把图片切成一个个的矩形区域，每个切片上被覆盖了一层绿色，指向切片时四周用红线分割，本例画了 6 个切片，如图 2-15 所示。

图 2-15　沿着辅助线切片

② 画出了所有切片并在优化面板设置了优化选项后，选择"文件"菜单→"导出"命令，弹出图 2-16 所示的"导出"对话框。

③ 要将导出的小图放入子文件夹中，需将"将图像放入子文件夹"复选框打勾，此时下边的"浏览"按钮会被激活，按钮右边是放小图片的默认子文件夹名（images）。如果欲将图片存储到别的文件夹，可以单击"浏览"按钮，在弹出的图 2-17 所示的"选择文件夹"对话框中进行位置指定。

图 2-16　"导出"对话框

图 2-17　"选择文件夹"对话框

3）其他设置。

① 单击图 2-16 对话框中的"选项"按钮，弹出图 2-18 所示"HTML 设置"对话框，在"常规"选项卡中设定要导出的 HTML 类型及扩展名，这里取默认值。

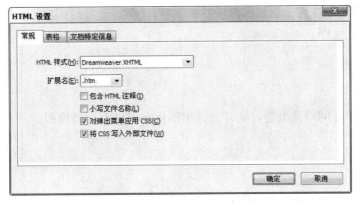

图2-18 "HTML设置"对话框

② 单击"表格"选项卡，如图2-19所示，可以设置切片经过切分HTML表格的空白单元选项。Fireworks默认采用一个像素宽的透明文件（默认为spacer.gif）来填充单元格间距（即"1像素透明间隔符"）。下边的"空单元格"栏可设置空白单元的颜色和图像。

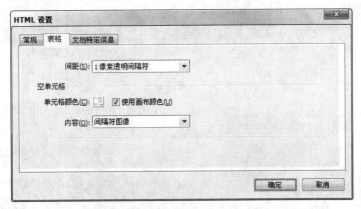

图2-19 "表格"卡片

③ 单击"文档特定信息"选项卡，设置各切片导出的文件命名格式，默认是"文件名+下画线+切片所在的行列值"，如图2-20所示。

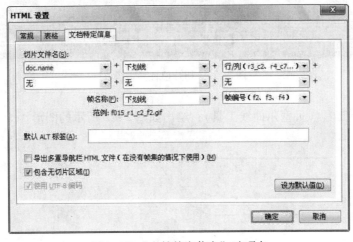

图2-20 "文档特定信息"选项卡

④ 单击"确定"按钮，返回到前一对话框中，再单击"保存"按钮，为 HTML 文档命名，最后保存 png 文档。

2.1.3 任务实施

1. 任务场景

对某企业的茶叶网站首页进行切片并导出图片和 HTML 文档模板。

2. 操作环境

Windows 7、Fireworks。

3. 操作步骤

1）启动 Fireworks，导入首页图片。

2）打开辅助线，选择切片工具，按图 2-21 所示的图片辅助线位置进行切片并导出图片和 HTML 文档。

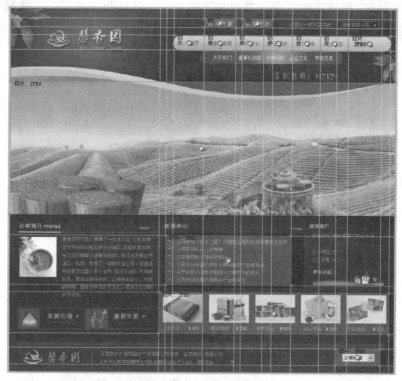

图 2-21　切片位置参考图

4. 课堂练习

1）利用钢笔工具（贝塞尔曲线工具），绘出如图 2-22 所示的图形。

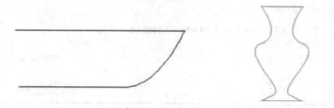

图 2-22　课堂练习 1 图形

2）对图 2-23 所示的首页效果图切片，并导出图片和 HTML 文档。

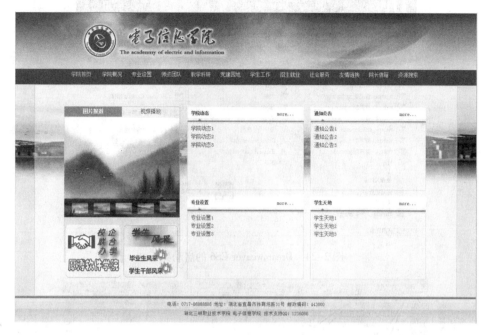

图 2-23　首页效果图

任务 2.2　网页编辑软件 Dreamweaver CS6 的基本操作

2.2.1　任务分析

作为一名网页编辑人员，除了应掌握网页制作所需要的知识，还应能够充分运用、熟练操作相关工具软件，以提高工作效率，本任务使用 Dreamweaver CS6 进行网页编辑操作。

2.2.2　Dreamweaver CS6 的特点与基本操作

1. Dreamweaver CS6 的特点

Dreamweaver CS6 是世界顶级软件厂商 Adobe 推出的一套拥有可视化编辑界面、用于制作并编辑网站和移动应用程序的网页设计软件。由于它支持代码、拆分、设计、实时视图等多种视图方式来创作、编写和修改网页，并且具有快速定位和高度的智能感知提示功能，还能够自动生成页面元素的相应 HTML 代码，因而对于网页设计初级人员来说，可以无须编写或很少编写代码就能快速直观地创建和编辑 Web 页面。

2. Dreamweaver CS6 的基本操作

（1）创建一个空白网页文档

在图 2-24 所示的 Dreamweaver CS6 启动界面中选择"新建"栏中的"HTML"，创建一个空白的 HTML 文档，如图 2-25 所示。

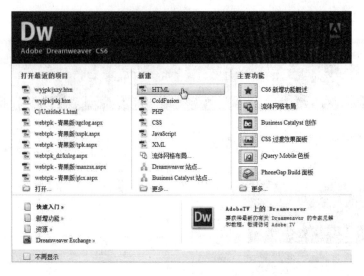

图 2-24　Dreamweaver CS6 的启动界面

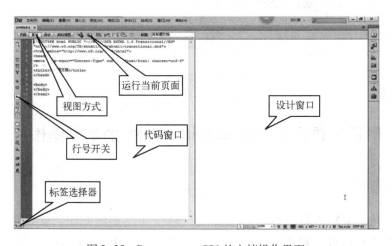

图 2-25　Dreamweaver CS6 的文档操作界面

（2）设置首选参数

用户可以对 Dreamweaver 的操作环境进行个性化设置，方法是选择"编辑"菜单→"首选参数"命令，打开图 2-26 所示的对话框，按照自己的喜好和操作习惯进行相关设置。

（3）打开现有 HTML 文档

在图 2-25 所示的操作界面中选择"文件"菜单→"打开"命令，弹出图 2-27 所示"打开"对话框，在该对话框内选中要打开的 HTML 文档，单击"打开"按钮即可。

（4）Dreamweaver 的视图方式和标签选择器

在图 2-25 中标示的视图方式有代码、拆分、设计和实时视图 4 种，分别让用户通过不同角度来观察和编辑网页文档。图中的标签选择器让用户能快速准确地选择目标对象及其代码，是编辑比较复杂的页面时经常用到的利器。

（5）设置文档的页面属性

新的 HTML 文档建好后，要先对文档的整体属性进行设置，主要包括页面的默认字体

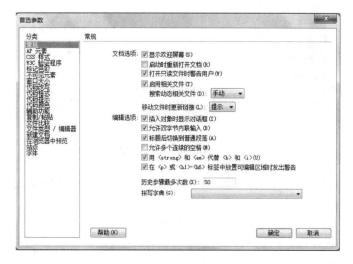

图 2-26 "首选参数"对话框

图 2-27 "打开"对话框

和字体大小、文字和背景颜色、边距、链接样式、页面标题等内容。用以下任何一种方法均能打开图 2-28 所示"页面属性"对话框。

- 选择"修改"菜单→"页面属性"菜单项。
- 在文档设计窗口空白处右键单击，在弹出的快捷菜单中选择"页面属性"菜单项。
- 单击文档设计窗口空白处，在下面的属性面板中单击"页面属性"按钮。

（6）设置文字属性

选择 Dreamweaver 的"窗口"菜单→"属性"项，在属性面板中可以对选定文字的格式、字体、字号、颜色以及对齐方式等属性进行设置，相应的文字属性面板如图 2-29 所示。有关文字样式在项目 3 的样式表中会有详细介绍。

（7）插入特殊字符

选择"插入"菜单→"HTML"→"特殊字符"命令，如图 2-30 所示，插入所需字符

图 2-28　"页面属性"对话框

图 2-29　设置文字属性

即可。如果要插入不常见的字符，则应该选择"其他字符"，打开"插入其他字符"对话框，再选择所需字符插入。如果在对话框中没有想要的字符，还可以借助输入法或其他的字处理软件。

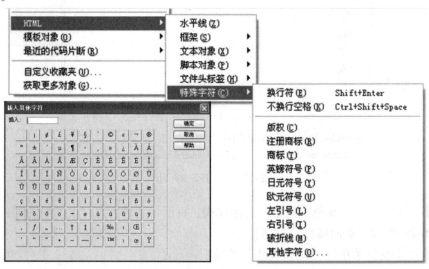

图 2-30　插入特殊字符

（8）保存和关闭文档

1）保存文档。Dreamweaver 集编辑与运行网页于一体，在每次运行页面时如果页面编辑过而未保存（文档名称后面有个 * 号），Dreamweaver 则会提示是否保存。还可以通过选择"文件"菜单→"保存"，或使用组合键〈Ctrl + S〉保存文档。

2）另存文档。如果希望将文档以另外的名称保存，或者保存到其他位置，可以选择"文件"菜单→"另存为"，在对话框中选择路径并输入新文件名，再单击"保存"按钮。

3）保存全部文档。如果同时打开多个 HTML 及相关联的文档，可选择"文件"菜单→"保存全部"项将所有 Dreamweaver 窗口中正在编辑的文档保存。

4）关闭文档。选择"文件"菜单→"关闭"或"全部关闭"，即可关闭文档。如果网页尚未保存，则会弹出确认是否保存的对话框。

2.2.3 任务实施

1. 任务场景

熟练操作 Dreamweaver CS6，为后面的页面编辑打下基础。

2. 操作环境

Dreamweaver CS6。

3. 操作步骤

1）安装并启动 Dreamweaver CS6。

2）创建一个 HTML 文档，并设置文档的页面属性。

3）熟悉标签选择器的使用。

4）运行并保存 HTML 文档。

4. 课堂练习

1）通过 Dreamweaver CS6 的"首选参数"对话框，设置符合个人喜好的操作环境。

2）体验在代码编辑状态下 Dreamweaver CS6 的智能感知功能。

3）通过 Dreamweaver CS6 在 HTML 文档中操作完成文字的添加，并在属性面板中完成其字体、大小、颜色的设置。

任务 2.3 HTML 文档及常用标签

2.3.1 任务分析

HTML（Hyper Text Mark – up Language）即超文本标记语言，是用于制作网页的语言。HTML 定义了各种标记（或叫作标签）用于描述不同的页面内容，如标题、段落、字体、表格、图像、视频等。虽然 Dreamweaver 提供了可视化设计环境来创建和编辑网页，并能够自动生成相应的 HTML 代码，但是对于希望深入掌握网页制作、对代码严格而灵活控制的网页设计人员来说，熟练掌握 HTML 是非常必要的。

通过本任务的学习，应熟练掌握 HTML 常用标记的含义、格式、属性和应用，能够手工灵活而熟练地修改 HTML 源代码。

2.3.2 HTML 文档

1. HTML 文档的基本结构

HTML 文档即网页，其代码的基本结构如下：

```
< html >
    < head >
        网页头部内容
```

```
        </head>
        <body>
            网页主体内容
        </body>
    </html>
```

从上述结构看出，HTM 文档的首尾分别是 <html> 标记和 </html> 标记，它们是 HT-ML 文档类型的标志，在这对标志中有头部内容和主体内容两部分。头部内容是文档的开头部分，对文档进行一些必要的定义；主体内容是 HTML 网页的主要部分，标记了页面中的元素对象。

2. HTML 文档的基本标记

HTML 的标记都用 <> 号括起，多数标记由标记头（如 <html>）和标记尾（</html>）成对匹配，标记尾是在标记名前加/组成的，例如：<html>…</html>、<head>…</head>等。以下是 HTML 文档的几个基本标记。

（1）HTML 版本信息

HTML 版本信息用以标明文档遵守 HTML 的哪一个版本，常用的文档版本声明如下。

1）HTML 5。

格式：

```
<! DOCTYPE html>
```

2）HTML 4.01 Strict。

该 DTD 包含所有 HTML 元素和属性，但不包括展示性的和弃用的元素（比如 font）。不允许框架集（Framesets）。

格式：

```
<! DOCTYPE HTML PUBLIC " -//W3C//DTD HTML 4.01//EN" "http://www.w3.org/TR/html4/strict.dtd">
```

3）HTML 4.01 Transitional。

该 DTD 包含所有 HTML 元素和属性，包括展示性的和弃用的元素（比如 font）。不允许框架集（Framesets）。

格式：

```
<! DOCTYPE HTML PUBLIC " -//W3C//DTD HTML 4.01 Transitional//EN"
"http://www.w3.org/TR/html4/loose.dtd">
```

4）HTML 4.01 Frameset。

该 DTD 等同于 HTML 4.01 Transitional，但允许框架集内容。

格式：

```
<! DOCTYPE HTML PUBLIC " -//W3C//DTD HTML 4.01 Frameset//EN"
"http://www.w3.org/TR/html4/frameset.dtd">
```

5）XHTML 1.0 Strict。

该 DTD 包含所有 HTML 元素和属性，但不包括展示性的和弃用的元素（比如 font）。不允许框架集（Framesets）。必须以格式正确的 XML 来编写标记。

格式：

<！DOCTYPE html PUBLIC " -//W3C//DTD XHTML 1.0 Strict//EN"

"http：//www. w3. org/TR/xhtml1/DTD/xhtml1 - strict. dtd" >

6）XHTML 1.0 Transitional。

该 DTD 包含所有 HTML 元素和属性，包括展示性的和弃用的元素（比如 font）。不允许框架集（Framesets）。必须以格式正确的 XML 来编写标记。

格式：

<！DOCTYPE html PUBLIC " -//W3C//DTD XHTML 1.0 Transitional. dtd //EN"

"http：//www. w3. org/TR/xhtml1/DTD/xhtml1 - transitional. dtd" >

7）XHTML 1.0 Frameset。

该 DTD 等同于 XHTML 1.0 Transitional，但允许框架集内容。

格式：

<！DOCTYPE html PUBLIC " -//W3C//DTD XHTML 1.0 Frameset//EN"

"http：//www. w3. org/TR/xhtml1/DTD/xhtml1 - frameset. dtd" >

8）XHTML 1.1。

该 DTD 等同于 XHTML 1.0 Strict，但允许添加模型（例如提供对东亚语系的 ruby 支持）。

格式：

<！DOCTYPE html PUBLIC " -//W3C//DTD XHTML 1.1//EN"

"http：//www. w3. org/TR/xhtml11/DTD/xhtml11. dtd" >

Dreamweaver CS6 创建的 HTML 文档最开头会自动加上以下的 HTML 版本信息代码：

<！DOCTYPE html PUBLIC " -//W3C//DTD XHTML 1.0 Transitional. dtd//EN"

"http：//www. w3. org/TR/xhtmll/DTD/xhtmll - transitional. dtd" >

（2）HTML 标记

<html>…</html>是 HTML 文档的标志，放在文档的头和尾，表明这是一个 HTML 文档。

（3）head 标记

<head>…</head>是头部标记，放在文档的起始部分，其中放置一些用于说明文档相关信息的其他标记。

（4）meta 标记

meta 是元信息标记，放在头部，用于说明和定义文档的一些特征信息，例如：

● 文档类型和字符集。

<meta http - equiv = "Content - Type" content = "text/html；charset = gb2312"/>

● 定义关键字。

```
< meta name = "Keywords" content = "三峡,旅游"/ >
```

- 浏览器渲染。

  页面使用 IE9 渲染： `< meta http – equiv = "x – ua – compatible" content = "ie = 9" / >`

  页面默认使用极速内核： `< meta name = "renderer" content = "webkit" >`

  页面默认使用 ie 兼容内核： `< meta name = "renderer" content = "ie – comp" >`

  页面默认使用 ie 标准内核： `< meta name = "renderer" content = "ie – stand" >`

- 每隔 10 秒钟刷新页面。

```
< meta http – equiv = "Refresh" content = "10"/ >
```

（5）title 标记

`< title >…</title >` 标记应放在头部内，用于在浏览器标题栏显示当前页面的标题。例如：

```
< title >欢迎访问电子信息学院网站</title >
```

（6）body 标记

`< body >…</body >` 为文档主体标记，其中放置各种页面元素的 HTML 标记，网页正文中的所有显示内容，如文字、图像、表格、动画、视频等都放置在这对主体标记之内。

3. HTML 的语法规则

HTML 文档应遵循以下语法规则如下。

1）HTML 文档是文本文件，扩展名为 ".html" 或 ".htm"，保留 ".htm" 扩展名是为了兼容早期名称。

2）HTML 文档中有双标记和单标记之分。

双标记格式为：`< 标记名　属性名 = "属性值" >…</标记名 >`

单标记格式为：`< 标记名　属性名 = "属性值" / >`

注意：格式中属性并不是必需的，当然也可以同时定义多个属性，多个属性间以空格隔开。Web 标准建议属性值应用双引号括起，同时推荐使用样式表而不是标记属性来控制元素的外观。

3）HTML 标记及属性不区分字母大小写，例如，`< HTML >` 和 `< html >` 是等效的，但Web 标准建议都使用小写字母。

4）HTML 标记可以嵌套，但不能交叉，各层标记是全包容关系。

例如，`< p > < font color = "#0000FF" >欢迎进入本网站</p > </font >` 是错误的写法。

5）HTML 文档一行可以书写多个 HTML 标记，一个标记也可以分多行书写，不用任何续行符号，但 HTML 标记中的一个单词不能分在两行书写。

6）在 Dreamweaver 的代码视图中输入的换行、回车和多个连续英文空格在浏览时都是无效的，浏览器显示网页时，会自动忽略代码中输入的换行、回车、多于一个的连续英文空格（字串常量除外），所有的相应显示效果都必须用标记来控制，如需要在网页中插入新的段落时，必须使用分段标记 `< p >`。换行可以使用 `< br >` 标记，需要多个英文空格，可以使用多个 " " 转义符号。

7）在 Dreamweaver 的设计视图中输入的换行、回车和多个连续英文空格等将自动在代码视图中生成相应的 HTML 代码，它们相应的 HTML 代码分别为 < br / > 、< P > 、 ；。

8）浏览器不能识别的格式写法通常将被浏览器自行解析，不会提示错误信息。

2.3.3 段落、转行及水平线标签

1. 段落标签 < p >

例如：< p > This is a HTML Document < /p >

2. 转行标签 < br >

例如：< br / >

3. 水平线标签 < hr >

例如：< hr / >

< hr > 标记的 width 属性用于控制标尺线的长度。例如：

< hr width = "50px" >   线长为 50 像素宽
< hr width = "50%" >   线长为容器宽度的 50%

< hr > 标记的 size 属性控制标尺线的粗细；noshade 属性将标尺线设置为黑色；align 属性指定标尺线的对齐位置。例如：

< hr align = "right" >   右对齐
< hr align = "left" >   左对齐
< hr align = "center" >   居中（默认）

< hr > 标记的 color 属性控制水平线的颜色。例如：

< hr color = "#ff0000" >

2.3.4 Div 与 Span 标签

1. Div 标签

在网页设计标准中使用 < div > 标签作为页面元素的容器，它取代了表格在页面布局中的地位。< div > 默认是一个块级元素，这意味着它将独占一行。用法举例如下。

1）Div 不加样式：< div > … < /div >

2）Div 使用#content 定义的样式：< div id = "content" > … < /div >

3）Div 使用 . box 定义的样式：< div class = "box" > … < /div >

2. Span 标签

与 < div > 标签一样，< span > 标签也可作为页面元素的容器，不过 < span > 标签是一个内联元素，不会占用一行，其中内容有多宽，< span > 标签就是多宽，所以 < span > 标签通常被用于组合文档中的行内元素。用法举例如下。

1）Span 不加样式：< span > … < /span >

2）Span 使用#content 定义的样式：< span id = "content" > … < /span >

3）Span 使用 . box 定义的样式：< span class = "box" > … < /span >

注意：内联元素和块级元素可以通过样式设置相互转换。

2.3.5　插入文本

文本是页面的主要内容之一，过去经常将文本放在 < p > 标记中，利用相关属性控制文本的外观，而现在常将文本放入 Div 或 Span 容器中，利用设置 Div 或 Span 样式的方法控制文本的显示外观，包括字体、字号、颜色、对齐方式等。例如：

<center>< span id = " content" >这是一段 HTML 文本 </span ></center>

有关文本的外观控制参见项目 3 的 CSS 文字效果。

2.3.6　插入图片

图像也是页面的重要元素，具有直观、生动的特点，灵活地使用图像可以表达一些文字所无法表达的内容，使网页显示更加丰富多彩和引人入胜，图片还可以用于创建图像链接。一幅生动的图片所包含的信息量可能会超过许多文字的描述，使网页页面更加美观，使得文档更加具有吸引力。

1. 图像格式

GIF、JPEG 和 PNG 格式是网络中常用的图像格式，各有特点，用户需要了解每种格式的使用和局限，才能在网页中成功地运用它们。

（1）JPG/JPEG 文件格式

JPEG 是 Joint Photographic Experts Group（联合图像专家组）的简称，用于表现层次丰富、内容复杂的图像，其特点如下。

- 使用有损的压缩方案，所以图像在压缩后通过损失一些细节来大幅缩小文件尺寸，适合网络传输。
- 支持 1670 万种颜色，可以很好地再现色彩丰富、形象逼真的摄影图像。
- 使用 JPEG 压缩后，图像鲜明的边缘周围会损失一些细节，所以不太适用于包含鲜明对比图像或者包含大量文本的图像。
- 由于 JPEG 使用了压缩技术，压缩比越大，图像质量降级得就越厉害，用户可以根据自己的需要，在保存 JPEG 图像文件的时候，通过压缩 JPEG 文件在图像品质和文件大小之间达到良好的平衡。

（2）GIF 图像文件格式

GIF 是 CompuServe Graphical Interchange Format（CompuServe 图形交换格式）的简称，最适合显示色调不连续变化或具有大面积单一颜色块的图像，这些图像一般用作插图、按钮、图标、徽标或其他具有统一色彩和色调的图像。GIF 图像具有下列特性。

- 使用无损压缩方案，图像在压缩以后不会有细节的损失。
- 最多可以显示 256 种颜色。
- 支持透明背景，从而可以创建带有透明区域的图像。
- 使用交织文件格式，在浏览器完成下载全部图像之前，用户可以通过隔行扫描分步显示出图像。
- 受到几乎所有图像浏览器广泛和良好的支持，不必担心兼容性问题。
- 可以将数张图片存储在一个文件中，交替显示时能够产生动画效果，即 GIF（多帧）

动画。

（3）PNG 文件格式

PNG 是 Portable Network Graphic（便携式网络图形）的简称，该格式结合了其他图像格式的优点，比如像 GIF 一样无损压缩，也像 JPEG 一样拥有百万种颜色。而且，PNG 具有的隔行扫描特性比其他格式都要快，同时它还提供对索引色、灰度、真彩色图像以及 Alpha 通道透明等的支持。

PNG 格式是 Fireworks 的默认文档格式，其中具有多图层等可编辑的 Web 页属性，因而应用日益广泛，极有可能在未来逐渐取代 GIF 的位置。

2. 图像标签 < img >

插入图像的 HTML 格式如下：

< img src = "图像文件名" width = "图像宽度" height = "图像高度" / >

宽度和高度属性单位既可以使用像素（px），也可以使用所占容器的比例（%）。如果不设宽度和高度属性，图像会按原始尺寸显示。

2.3.7 插入超链接

超级链接是网页的灵魂，通过链接，能够将页面中众多媒体的信息串联起来，使访问者能够方便地在各个页面之间跳转浏览，还能够使不同站点之间建立联系。超级链接的标签为< a >，一般格式如下：

< ahref = "跳转目标" >链接源 < /a >

其中链接源可以是页面中的各类显示元素，当在浏览器中用鼠标单击这些链接源对象时，浏览器就转到本地或远程的目标资源，或者转到当前页面的其他位置。根据跳转目标的不同超级链接可以分为以下几种类型。

1. 内部链接

内部链接是网站内部各个页面之间的跳转，其 HTML 代码格式如下：

< ahref = "目标页面" target = "显示窗口" >链接源 < /a >

例如：

< ahref = "sub1. html" target = "_blank" >转到 sub1. html < /a >

除自定义的窗口名称外，"显示窗口"可有 5 个选项。

1）_blank：将链接的文件载入一个未命名的新浏览器窗口中。

2）new：将创建一个名为 new 的窗口，所有 target 取值为 new 的链接都会在该窗口中打开。

3）_parent：将链接的文件载入含有该链接的框架的父框架集或父窗口中。如果包含链接的框架不是嵌套的，则链接文件加载到整个浏览器窗口中。

4）_self：默认选项。将链接的文件载入该链接所在的同一框架或窗口中。

5）_top：将链接的文件载入整个浏览器窗口中，因而会删除所有框架。

2. 外部链接

外部链接即站外链接，例如友情链接。与内部链接不同的是，外部链接的目标页面必须写完整的 HTTP 地址，例如：

> < ahref = "http://sina. com. cn" target = "_blank" > 转到新浪网首页 </a >

3. 邮件链接

例如页面中的"联系我们"就是让浏览者给网站管理者发送邮件，就需要使用邮件链接。格式如下：

> < ahref = "mailto:xxx@ 163. com" > 联系我们 </a >

4. 脚本链接

脚本链接不是跳转到某个页面，而是执行一段 JavaScript 代码。例如：

> < ahref = "JavaScript:alert('欢迎访问电信学院网站')" > 欢迎访问 </a >

当单击上述链接"欢迎访问"时将弹出图 2-31 所示的对话框。

5. 空链接

空链接的目标写法就是一个#号，通常是跳转到当前页的页首。例如：

> < ahref = "#" > 转到页首 </a >

6. 锚点链接

如果要跳转到同一页面中的不同位置，可以使用锚点链接。例如，一个很长的页面，分大纲或章节浏览时在各个章节标题处可以创建多个锚点作为跳转的目标位置，或者在页面的最下方设置一个"返回页首"的文字链接，单击后，可以跳转到页面顶端。

创建锚点链接的过程分为两步，先在目标处创建命名锚记，然后再创建到该命名锚记的链接。具体操作步骤如下。

1）在 Dreamweaver 设计视图中将光标定位到要设置锚记的位置（例如页面顶部），然后选择"插入"菜单→"命名锚记"，会弹出图 2-32 所示的"命名锚记"对话框，在其中的文本框中输入锚记名称（这里设为 top）。

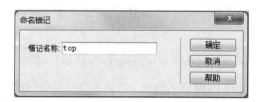

图 2-31　脚本链接弹出的对话框　　　　图 2-32　设置命名锚记

注：以上操作与在代码视图中直接输入 < a name = "top" id = "top" > </a >代码等效。

2）在页面其他位置设置一个超链接，将链接目标设为#top 即可，例如：

> < ahref = "#top" > 转到页首 </a >

7. 下载链接

创建下载链接的方法和链接到网页的方法完全一样。当被链接的目标资源是浏览器无法识别的类型（如 exe、zip、rar 等）时这些文件就会被下载。

2.3.8 插入列表

HTML 文档中可以插入 3 种类型的列表：无序列表、有序列表、自定义列表。

1. 无序列表

无序列表的标签为 < ul >，其中列表项的标签为 < li >。在默认情况下无序列表的每个列表项前面会显示一个圆点。例如下列代码的显示结果如图 2-33 所示。

```
< ul >
    < li > 列表项 1 < /li >
    < li > 列表项 2 < /li >
    < li > 列表项 3 < /li >
< /ul >
```

2. 有序列表

有序列表的标签为 < ol >，其中列表项的标签为 < li >。在默认情况下有序列表的每个列表项前面按 1. 、2. 、3. 、……编号。例如下列代码的显示结果如图 2-34 所示。

图 2-33 无序列表

图 2-34 有序列表输出示例

```
< ol >
    < li > 列表项 1 < /li >
    < li > 列表项 2 < /li >
    < li > 列表项 3 < /li >
< /ol >
< ol type = " a"    start = " 3" >
    < li > 列表项 1 < /li >
    < li > 列表项 2 < /li >
    < li > 列表项 3 < /li >
< /ol >
< ol type = " I" >
    < li > 列表项 1 < /li >
    < li > 列表项 2 < /li >
    < li > 列表项 3 < /li >
< /ol >
```

3. 自定义列表

自定义列表的标签为 < dl >，其中列表项可用 < dt >、 < dd > 等进行定义。例如下面的代码显示效果如图 2-35 所示。

```
< dl >
    < dt > 列表项 11 </dt >    < dd > 列表项 12 </dd >
    < dt > 列表项 21 </dt >    < dd > 列表项 22 </dd >
</dl >
```

图 2-35　自定义列表输出示例

自定义列表通常设定相关样式而呈现我们所需要的外观，被广泛应用于新闻类网站首页的多栏目板块的排版中。具体应用参见项目 5。

2.3.9　表格设计

在 HTML 中，表格主要通过 3 个标记来构成。

1）表格标记：< table style = " border – collapse：collapse；" > … </table >

2）行标记：< tr > … < /tr >

3）单元格标记：< td > … </td >

这几个标记之间是从大到小，逐层包含的关系。另外，表格中的标题单元格可以使用标记 < th > … </th > 定义，标题单元格中的内容通常以黑体加粗显示。单元格标记 < td > …</td > 和表题标记 < th > … </th > 都必须位于行标记 < tr > 之内。一个表格可以有多个 < tr > 和 < td > 标记，分别代表多行和多个单元格。表格还可以嵌套、进行单元格的拆分与合并等。一个表格所包含的标记较多，而 Dreamweaver 提供了可视化方法制作表格，表格、表头、行、单元格的属性等都可以通过属性面板设置。

表格在早期网页设计中主要用于进行页面布局和显示表格数据，而现在 Web 设计标准建议页面布局采用 Div + CSS 实现，表格就主要用于显示表格数据了。表格默认为双线表格，要设置单线表格，可设置样式如下：style = " border – collapse：collapse；"。例如下列代码显示结果如图 2-36 所示。

图 2-36　显示单线表格

```
< body >
< table style = " border – collapse：collapse；" border = "2" >
< tr > < th > 序号 < br > ID < th > 姓名 < th > 性别 < th > 年龄 < th > 业务专长 < th > 技术职称 < th >
评聘年月
< tr > < td >101 < td > 李大力 < td > 男 < td >55 < td > 计算机网络 < td > 教授 < td >1990. 1
< tr > < td >102 < td > 张芝兰 < td > 女 < td >45 < td > 计算机硬件系统 < td > 教授 < td >1996. 11
</table >
</body >
```

46

2.3.10　插入多媒体元素

网页中支持插入的多媒体元素主要包括音乐、视频、动画等。具体操作方法如下。

1. 插入背景音乐

方法 1：在 Dreamweaver CS6 中使用"插入"菜单→"媒体"→"插件"，选择一个音乐文件。

方法 2：在 < head > … </head > 中使用 < bgsound > 标签（只适用于 IE 浏览器，但可以支持 MID 格式）。例如：

```
< bgsound src = "backsound. mp3" loop = " – 1" / >
```

方法 3：在 < body > … </body > 中使用 < embed > 标签。例如：

```
< embed src = "backsound. mp3" > </embed >
```

方法 4：在 < body > … </body > 中使用以下 HTML5 标签（适用于支持 HTML5 标签的浏览器，不支持 MID 格式）。例如：

```
< audio src = "backsound. mp3" autoplay = "true" playcount = " – 1" > </audio >
```

2. 插入 Flash 动画

在 Dreamweaver CS6 中选择"插入"菜单→"媒体"→"SWF"，可以插入 Flash 动画（. swf 文件），文件插入后 Dreamweaver CS6 会自动生成下面一段 HTML 代码：

```
< object id = "FlashID" classid = "clsid:D27CDB6E – AE6D – 11cf – 96B8 – 444553540000" width = "750" height = "115" >
    < param name = "movie" value = "index. swf" / >
    < param name = "quality" value = "high" / >
    < param name = "wmode" value = "opaque" / >
    < param name = "swfversion" value = "8. 0. 35. 0" / >
    <! --此 param 标签提示使用 Flash Player 6.0 r65 和更高版本的用户下载最新版本的 Flash Player。如果您不想让用户看到该提示，请将其删除。-->
    < param name = "expressinstall" value = "Scripts/expressInstall. swf" / >
    <! --下一个对象标签用于非 IE 浏览器。所以使用 IECC 将其从 IE 隐藏。-->
    <! --[ if ! IE ] > -->
    < object type = "application/x – shockwave – flash" data = "index. swf" width = "750" height = "115" >
    <! --<! [endif] -->
    < param name = "quality" value = "high" / >
    < param name = "wmode" value = "opaque" / >
    < param name = "swfversion" value = "8. 0. 35. 0" / >
    < param name = "expressinstall" value = "Scripts/expressInstall. swf" / >
    <! --浏览器将以下替代内容显示给使用 Flash Player 6.0 和更低版本的用户。-->
    < div >
        < h4 >此页面上的内容需要较新版本的 Adobe Flash Player。 </h4 >
```

```
< p > < ahref = " http://www. adobe. com/go/getflashplayer" > < img src = " http://
www. adobe. com/images/shared/download_buttons/get_flash_player. gif" alt = " 获取 Adobe Flash Play-
er" width = "112" height = "33" / > </a> </p>
    </div>
    <! --[if ! IE] > -->
  </object>
  <! --<! [endif] -->
 </object>
 < script type = " text/javascript" >
 swfobject. registerObject( "FlashID") ;
 </script>
```

显示效果如图 2-37 所示。同样也可以使用下面的 < embed > 标签将 Flash 动画插入
页面：

```
< embed src = " index. swf" width = "750" height = "115" > </embed>
```

图 2-37　插入 Flash 动画

3. 插入视频

方法①：在 Dreamweaver CS6 中使用 "插入" 菜单→"媒体"→"插件"，选择视频
文件。

方法②：使用下列 HTML5 的 video 标签 （支持 mp4 格式），显示效果如图 2-38 所示。

图 2-38　插入 mp4 视频效果

```
<! DOCTYPE html PUBLIC " -//W3C//DTD XHTML 1. 0 Transitional//EN" "http://www. w3. org/
TR/xhtml1/DTD/xhtml1 -transitional. dtd" >
< htmlxmlns = " http://www. w3. org/1999/xhtml" >
< head > < meta http -equiv = " Content -Type" content = " text/html; charset = utf -8" / >
```

```
< title > 使用 HTML5 的 video 标签播放 mp4 视频 </title >
</head >
< body > < videoautoplay = "autoplay" controls = "controls" src = "zsx001. mp4" autobuffer >
您的浏览器不支持 video 标签。</video >
</body > </html >
```

方法③：使用以下代码（支持 flv 格式），效果如图 2-39 所示，如果本地不支持播放，可架设 Web 服务器，并在服务器中设置对 flv 的 MIME 支持：

```
< object class id = " clsid：D27CDB6E - AE6D - 11cf - 96B8 - 444553540000" codebase = " http：//
download. macromedia. com/pub/shockwave/cabs/flash/swflash. cab# version = 7,0,19,0" width = "
310px"   height = "255px" > < param name = " movie"  value = " v1. flv" / > < param name = " quali-
ty"  value = " high" / > < param name = " allowFullScreen"  value = " true" / >
< param name = " FlashVars"  value = " vcastr_file = images/123. flv& &BufferTime =3&IsAutoPlay =0" / >
< embed src = " flvplayer. swf"  allowfullscreen = " true"  flashvars = " vcastr_file = v1. flv&IsAutoPlay =
0"  quality = " high"  pluginspage = " http：//www. macromedia. com/go/getflashplayer"  type = " applica-
tion/x - shockwave - flash"  width = "310px"  height = "255px" > </embed > </object >
```

图 2-39　插入 flv 视频效果

2.3.11　表单页设计

表单（Form）是网页设计中的一个重要部分，主要用于采集和提交用户输入的信息。当用户在网上申请某项服务时，如注册一个账号，必须填写相关的资料，就是运用表单完成的。当访问者在表单对象中输入信息并提交时，这些信息将被发送到服务器中，服务器端脚本或应用程序再对这些信息进行处理。插入表单容器和表单元素的操作方法如下。

1. 插入一个空白表单

空白表单（< form >标签）是一个容器，其他的表单控件对象都应该放在这个容器中。

方法 1：在 Dreamweaver CS6 中选择"插入"菜单→"表单"→"表单"。

插入表单后，页面设计视图中会出现一个红色虚框。

方法 2：在页面代码视图中插入 < form >标签代码，例如：

　　< form id = " form1" name = " form1" method = " post" action = " " >。

格式中 method 说明表单数据提交方式，通常有 post 和 get 两种；action 指明提交数据并

跳转到哪个页面，如果 action = " " ，则表示数据提交给当前页面，此时当前页面就必须是一个动态页面而非 HTML 页面。

2. 插入标签

标签（ <label >标签）通常用来显示一个字符串。

插入标签的方法：在 Dreamweaver CS6 中将光标点到表单内，再选择"插入"菜单→"表单"→"标签"，添加一个 <label > </label >对象，在标签内输入要显示的文本，如图 2-40 所示。

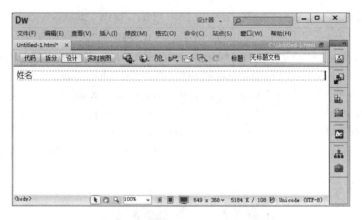

图 2-40　插入标签

3. 插入文本域

利用文本域（ < input type = " text" >标签）可产生一个文本框，让访问者输入文本内容。

插入文本框的方法：在 Dreamweaver CS6 中将光标点到表单内，再选择"插入"菜单→"表单"→"文本域"，添加一个文本框，如图 2-41 所示。

图 2-41　插入文本框

单击文本框，可以在图 2-41 下部的属性面板中设置其属性，其中"字符宽度"是控件的宽度，"最多字符数"是控件能够接收的字符数。

4. 单选按钮（<input type = "radio" name = "radio">标签）

在要求用户只能从一组选项中选择其中一个时，可使用单选按钮。例如性别设置"男""女"两个选项，使用时只能选中一个而不能两个同时选中，一个选项被选中，则另一个选项自动被取消选中。

插入单选按钮的方法：在 Dreamweaver CS6 中将光标点到表单内，再选择"插入"菜单→"表单"→"单选按钮"，添加一个单选按钮。在分别插入单选按钮时，它们是相互独立的，要实现多选一，要将它们组成一组，方法是将它们的 name 属性设成相同。单选按钮显示效果如图 2-42 所示。

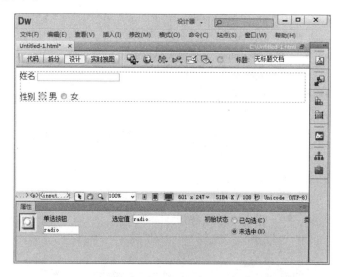

图 2-42　插入单选按钮

将上面两个单选按钮组成一组的 HTML 代码如下（相当于在 Dreamweaver 中直接插入单选钮组）：

　　　　< input type = "radio" name = "radio" id = "radio" value = "radio" / >男
　　　　< input type = "radio" name = "radio" id = "radio2" value = "radio2" / >女

5. 复选框（<input type = "checkbox">标签）

复选框允许用户从一组选项中选择多个选项。例如在输入兴趣爱好时可以使用复选框。

插入复选框的方法：在 Dreamweaver CS6 中将光标点到表单内，再选择"插入"菜单→"表单"→"复选框"，添加一个复选按钮。单击其中的一个复选框，在属性面板上显示该复选框的属性，复选框对象的属性和单选按钮的属性值类型相同，不再赘述。不过要注意一点：每个复选框对象的名称可以相同，也可以不同，各个复选框相互独立，彼此的状态互不影响。复选框显示效果如图 2-43 所示。

6. 列表/菜单

HTML 的 < select >标签为"列表/菜单"控件，该对象具有"列表"和"菜单"双重功能。

图 2-43 插入复选框

1）作为"列表"时，在一个列表中显示选项值，用户可从列表中选择一项或多项，例如下列代码的显示效果如图 2-44 所示。

```
< select name = " select"  size = " 3"  multiple = " multiple"  id = " select" >
    < option > 初中 < /option >
    < option selected = " selected" > 高中 < /option >
    < option > 大学 < /option >
    < option > 研究生 < /option >
< /select >
```

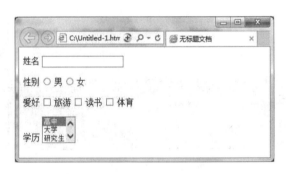

图 2-44 列表控件

上面的代码中 < select > 标签的 multiple = "multiple"属性表示允许多选，没有 multiple 属性时表示不能多选；size 属性指示同时显示的列表行数，如果没有 size 属性但有 multiple = "multiple"属性，则表示显示出所有列表项；运行时初始选定项为"高中"。

2）作为"菜单"时，它就是一个下拉列表框，用户只能从中选择单个选项。例如下面的 HTML 代码显示效果如图 2-45 所示。

```
< select name = " select"  id = " select" >
    < option > 初中 < /option >
    < option selected = " selected" > 高中 < /option >
    < option > 大学 < /option >
    < option > 研究生 < /option >
< /select >
```

从上面的代码看出，与"列表"相比，少了 size 和 multiple 属性。在 Dreamweaver CS6 的属性面板中也可以对这两种功能角色进行设置和转换。

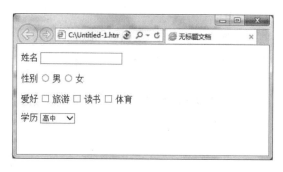

图 2-45　菜单（下拉列表）控件

7. 文本区域（<textarea>标签）

文本区域可以接收多行输入。其实文本区域是文本域的一个特例，在 Dreamweaver CS6 的属性面板中，将文本域的类型设置为"多行"，可以将文本域转换为文本区域。反之，文本区域的类型设置为"单行"，也可以将文本区域转换为文本域。在文本区域中，可以指定输入的文字行数（rows）与列数（cols），如果输入时超出范围，则将按指定的设置进行滚动显示。例如下面 HTML 代码的显示效果如图 2-46 所示。

<textarea name = "textarea" id = "textarea" cols = "45" rows = "5" > </textarea>

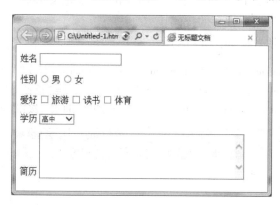

图 2-46　插入文本区域

8. 文件域（<input type = "file">标签）

如果需要向服务器提交本地文件，这时可利用文件域来完成此项功能。例如下面 HTML 代码的显示效果如图 2-47 所示。

<input name = "fileField" type = "file" id = "fileField" size = "30" maxlength = "50" / >

代码中 maxlength 属性指定手工在控件中输入的最多字符数；size 属性指定希望该域最多可显示的字符数。如果通过浏览按钮来选择文件，则文件名和路径字符总数可以超过指定的 maxlength 值。

9. 按钮

用户填写完资料后，要将资料提交给服务器的应用程序或客户端的脚本去处理，可使用按钮对象来触发提交事件，从而实现人机交互。表单中的按钮有 3 种类型。

1）提交按钮：提交按钮的 HTML 标签是 <input type = "submit">，单击提交按钮时表

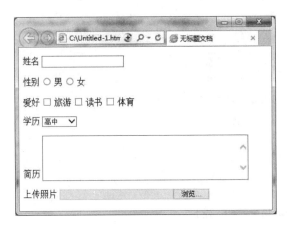

图 2-47　插入文件选择控件

单控件的数据会传给 < form > 标签的 action 属性所指的页面，如果 action = " " ，则数据传给当前页面（此时当前页面必须是动态页面）。

2）重置按钮：重置按钮的 HTML 标签是 < input type = " reset " > ，单击重置按钮会清空表单中输入的数据。

3）用户自定义按钮：用户自定义按钮的 HTML 标签是 < input type = " button " > ，单击用户自定义按钮可以执行用户编写的代码。

例如下面的代码显示效果如图 2-48 所示。

```
< input type = " submit"  name = " button"  id = " button"  value = " 提交" / >
< input type = " reset"  name = " button2"  id = " button2"  value = " 重置" / >
< input type = " button"  name = " button3"  id = " button3"  value = " 按钮" / >
```

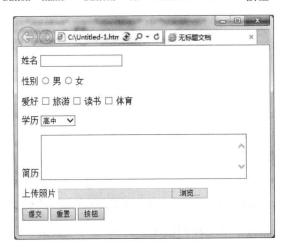

图 2-48　3 种按钮

2.3.12　滚动字幕设计

在 HTML 语言中，可以使用 < marquee > 标记实现鼠标指向悬停的字幕滚动效果，例如下面代码显示效果如图 2-49 所示。

54

```
< marquee  direction = " up"  behavior = " scroll"  scrollamount = " 2"    loop = " - 1"  width = "200px"
height = "200px"  bgcolor = "#FF9900"  onmouseover = "this. stop( )"  onmouseout = "this. start( )" >
< ahref = "a. html" > < img src = "x. jpg"  border = "0" >标题 1 </a > < br / >
< ahref = "b. html" > < img src = "x. jpg"  border = "0" >标题 2 </a > < br / >
< ahref = "c. html" > < img src = "x. jpg"  border = "0" >标题 3 </a >
</marquee >
```

< marquee > 标记主要属性如下。

- direction：滚动方向，up（向上）、down（向下）、left（向左）、right（向右）。
- behavior：滚动方式，scroll（循环往复）、slide（单次滚动）、alternate（交替滚动）。
- scrollamount：设置滚动速度，数值越大速度越快。
- scrolldelay：设置滚动延迟，不设表示不延迟。
- loop：设置滚动循环次数，-1 表示无限次。
- width 和 height：设置滚动区域宽和高。
- bgcolor：设置滚动区域背景色。

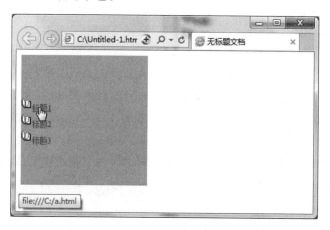

图 2-49　滚动字幕

2. 3. 13　分组（fieldset）标签

fieldset 元素可将表单内的相关元素分组。当一组表单元素放到 < fieldset > 标签内时，浏览器会以特殊方式来显示它们，它们可能有特殊的边界、3D 效果，或者甚至可以创建一个子表单来处理这些元素。下面的代码显示效果如图 2-50 所示。

```
< body >
  < fieldset >
    < legend >健康信息：</legend >
    < form >
      < label >身高：< input type = "text" / > </label >
      < label >体重：< input type = "text" / > </label >
    </form >
  </fieldset >
```

</body >

图 2-50　分组标签

2.3.14　浮动框架（iframe）标签

iframe 标签是在浏览器窗口中嵌入一个窗口以显示另一个页面。浏览器不支援 iframe 标记时可以显示一段提示文本，放一些提醒字句。< iframe > 标记的用法如下：

< iframe src = "初始页面 . html" name = "窗口名称" frameborder = "1" scrolling = "Yes"
    allowTransparency = "True" >

</ iframe >

格式中 allowTransparency 为透明属性，如果想要浮动框架透明，必须满足下列条件。

1）iframe 元素的 allowTransparency 属性设置为 True。

2）iframe 内容源文档的 background – color 或 body 元素的 bgColor 属性应设置为 transparent。

例如，下面的代码在单击"新浪网站"链接时的显示结果如图 2-51 所示。

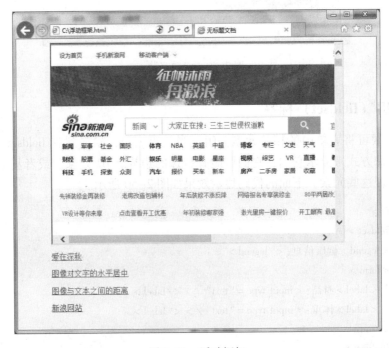

图 2-51　浮动框架

```
< body >
    < iframe src = "main. html" name = "aa" width = "600px" height = "400px" > < /iframe >
    < p > < ahref = "s1. html" target = "aa" > 爱在深秋 < /a >
    < p > < ahref = "s2. html" target = "aa" > 图像对文字的水平居中 < /a >
    < p > < ahref = "s3. html" target = "aa" > 图像与文本之间的距离 < /a >
    < p > < ahref = "http://www. sina. com. cn" target = "aa" > 新浪网站 < /a >
< /body >
```

2.3.15 HTML 的注释

1. 普通注释：<！--注释内容 -->

注释内容会被浏览器忽略。

2. 条件注释

示例代码：

<！--[**if IE**] >HTML 代码 <！[**endif**] -->

条件注释仅被 IE6、IE7、IE8、IE9 以及 IE10、IE11 的兼容视图模式识别，其他浏览器均不识别，也就是说在其他浏览器中上面的粗体部分都被当作普通注释而被忽略，而在 IE 兼容模式中粗体部分的 HTML 代码会被正常执行。值得注意的是，某些浏览器提供的兼容模式并不是严格意义的 IE 兼容模式，因此在这样的环境下条件注释也不会生效。条件注释示例及其说明如表 2-1 所示。

表 2-1 条件注释示例及说明

条件注释示例	说　明
<！--[if！IE] >**HTML 代码** <！[endif] -->	如果不是 IE 浏览器，执行粗体部分
<！--[if！(IE 7)] >**HTML 代码** <！[endif] -->	如果不是 IE7 或创建子表达式，执行粗体部分
<！--[if lt IE 5.5] >**HTML 代码** <！[endif] -->	如果小于 IE5.5，执行粗体部分
<！--[if lte IE 6] >**HTML 代码** <！[endif] -->	如果小于等于 IE6，执行粗体部分
<！--[if gt IE 5] >**HTML 代码** <！[endif] -->	如果大于 IE5，执行粗体部分
<！--[if gte IE 7] >**HTML 代码** <！[endif] -->	如果大于或等于 IE7，执行粗体部分
<！--[if (gt IE 5)&(lt IE 7)] >**HTML 代码** <！[endif] -->	如果大于 IE5 并且小于 IE7，执行粗体部分
<！--[if (IE 6)|(IE 7)] >**HTML 代码** <！[endif] -->	如果是 IE6 或 IE7，执行粗体部分

例如，下列代码在 IE 兼容模式能够看到一蓝一红两个 Div，而在其他浏览器版本都只能看到一个红色 Div。显示效果如图 2-52 所示。

```
< head >
< style type = "text/css" >
#mydiv{    width:200px;height:200px;border:1px solid #ff0000;float:left;}
< /style >
<！--[if (IE)&(lt IE 11)] >
< div style = "width:200px;height:200px;border:1px solid #0000ff;float:left;" >IE 兼容模式才能看
到我 < /div >
```

```
< ! [ endif ] -->
</head >
< body > < div id = " mydiv" > </div > </body >
```

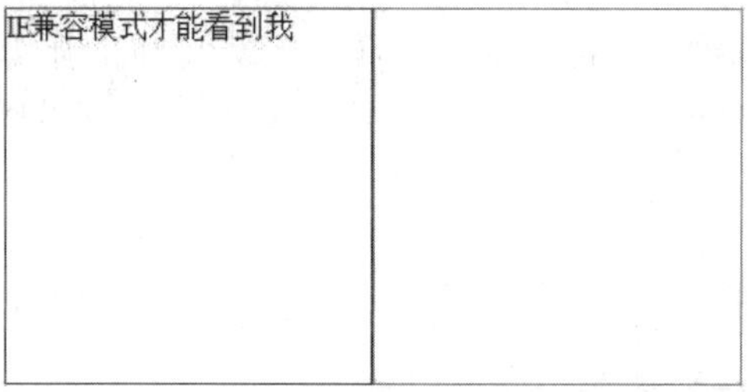

图 2-52　IE 兼容模式看到的效果

2.3.16　导入外部样式与脚本

将样式代码和脚本代码全部放在 HTML 文档中会使 HTML 文档冗长，不利阅读和修改。当样式代码和脚本代码较多时，通常将它们分别存储到样式文档（. css）和脚本文档（. js）中并与当前的 HTML 文档关联，使它们随 HTML 文档一起加载。

1. 导入外部样式文件

使用 < link > 标签可导入外部样式文件，例如：

```
< linkhref = " css/style. css"  type = " text/css"  rel = " stylesheet"  / >
```

考虑到在 Dreamweaver 的设计视图中能直接看到效果，导入外部样式文件的 < link > 标签需要放在页面头部，但从浏览器运行的角度，< link > 标签放在 < body > 标签内也没有问题。

2. 导入外部脚本文件

使用 < script > 标签可导入外部脚本文件，例如：

```
< script type = " text/javascript"  src = " js/jquery – 1. 4. 4. min. js" > </script >
```

< script > 标签既可放在头部，也可放在主体中，只要位于调用脚本代码之前即可。

2.3.17　框架页制作

1. 框架的含义和基本构成

框架就是把浏览器窗口划分为若干个小窗口，每个窗口可以显示不同的网页。使用框架可以非常方便地在浏览器中同时浏览多个不同的页面效果，方便地完成页面导航、浏览等任务，不用频繁地在多个浏览器窗口之间切换。图 2-53 是一个框架集页面。

设计时将所有框架标记定义放在一个 HTML 文档中（称为框架集页面），该页面的主体标记 < body > 被框架集标记 < frameset > 所取代，然后通过 < frameset > 中的子窗口标记 < frame > 来定义每一个子窗口及子窗口页面的属性。下面是一个框架集定义示例代码：

```
< frameset cols = " 左右分割参数"  |  rows = " 垂直分割参数" >
    < frame src = " url 地址 1"  name = " 子窗口名称"   / >
```

```
<frame src = "url 地址 2"  name = "子窗口名称"   / >
        ......
</frameset >
```

图 2-53　框架集页面

代码中 frame 子框架的 src 属性指定的每个 URL 值为一个网页文件地址，地址路径可使用绝对路径或相对路径，这个文件将在初始时被载入到对应的窗口中。

框架结构根据框架集标记 < frameset > 的分割属性不同有以下 3 种。

1）左右分割窗口 cols。

2）上下分割窗口 rows。

3）嵌套分割窗口（既有左右分割又有上下分割）。

2. 框架集 < frameset > 的设置

< frameset > 标记的常用属性如表 2-2 所示。

表 2-2　< frameset > 标记的常用属性

属　　性	描　　述
border	设置边框粗细，默认是 5 像素
bordercolor	设置边框颜色
frameborder	指定是否显示边框："0" 不显示边框，"1" 显示边框
cols	用 "像素数" 和 "%" 左右分割窗口，"∗" 表示剩余部分
rows	用 "像素数" 和 "%" 上下分割窗口，"∗" 表示剩余部分
noresize	设定框架不能调节，只要设定了前面的，后面的将继承

3. 左右分割窗口

水平方向分割浏览器窗口，通过框架集的 cols 属性定义子框宽度。欲分割几个窗口，

cols 值就有几个，可以是数字（单位像素）、百分比或剩余值（＊），各值间用逗号分开。当"＊"只出现一次时，该子窗口的大小将根据浏览器窗口的大小自动调整，当"＊"出现一次以上时，按比例分割剩余的窗口。例如：

<frameset cols = "40% ,2＊,＊" / >　分成左中右3个窗口,分别为40% ,40% ,20%

<frameset cols = "100,200, ＊" / >　左中右3个窗口,分别为100像素,200像素,剩余给右边窗口

<frameset cols = "100, ＊, ＊" / >　左中右3个窗口,左窗100像素,中间和右边窗口均分剩下的宽度

<frameset cols = " ＊, ＊, ＊" / >　分成左中右3个窗口,宽度均分

4. 上下分割窗口属性

上下分割窗口属性 rows 的设置和左右窗口设定类似，参照上面的含义即可。

5. 子窗口 < frame > 标记的设定

< frame > 是单标记，放在框架集 frameset 中，设置有几个子窗口就对应有几个 < frame > 标签。每个 < frame > 标签内由 src 属性设定一个初始页面。< frame > 标记的常用属性如表 2-3 所示。

表 2-3　< frame > 标记的常用属性

属　　性	描　　述
src	指示在子窗口中加载的网页
bordercolor	设置边框颜色
frameborder	指定是否显示边框："0"不显示边框（默认），"1"显示边框
border	设置边框粗细
name	指示窗口名称，可作为其他链接标记中的 target 属性值
noresize	不能调整窗口大小，省略此项时可调整窗口大小
scorlling	是否要滚动条。Auto：根据需要自动出现，Yes：有，No：无
marginwidth	设置内容与窗口左右边缘的距离，默认为 1 px
marginheight	设置内容与窗口上下边缘的边距，默认为 1 px
width/height	框窗的宽及高 默认为 width = "100px" ,height = "100 px"

例 2-1　左中右分割 3 个窗口。

先做 3 个要放到子窗口中的页面 s1. html、s2. html、s3. html，则下列代码执行结果如图 2-54 所示。

```
< frameset cols = "20% ,2 ＊, ＊" border = "1" bordercolor = "#FF00FF" >
    < frame src = "s1. html"   name = "abc"/ >
    < frame src = "s2. html"   / >
    < frame src = "s3. html"   / >
</ frameset >
```

例 2-2　窗口的上下分割。下面代码执行结果如图 2-55 所示。

```
< frameset rows = "20% , ＊,200" border = "1" bordercolor = "#FF00FF" >
    < frame src = "s1. html"   / >
```

```
    < frame src = " s2. html"  / >
    < frame src = " s3. html"  noresize = " noresize"  / >
</frameset >
```

图 2-54　左右分割窗口

图 2-55　窗口的上下分割

例 2-3　窗口的嵌套设定（既有水平分割又有垂直分割）。

下列代码显示效果如图 2-56 所示。

```
< ! DOCTYPE html PUBLIC " - //W3C//DTD XHTML 1. 0 Transitional//EN" " http://www. w3. org/
TR/xhtml1/DTD/xhtml1 - transitional. dtd" >
< htmlxmlns = " http://www. w3. org/1999/xhtml" >
< head >
< meta http - equiv = " Content - Type"  content = " text/html;charset = utf - 8"  / >
< title >无标题文档 </title >
</head >
< frameset cols = "20% , * "  border = "1"  bordercolor = "#FF00FF" >
  < frame src = " s1. html"  / >
  < frameset rows = "40% , * "  border = "1"  bordercolor = "#FF00FF" >
    < frame src = " s2. html"  / >
    < frame src = " s3. html"  / >
  </frameset >
</frameset >
</html >
```

图 2-56 窗口的嵌套设定

6. 窗口的名称和链接

如果在各窗口间做链接跳转，须对各个子窗口命名，以便窗口间的跳转。窗口命名一般规则：名称是以字母开头的字符串，允许有下画线，但不允许使用"－"句点和空格等，也不能使用网页脚本的关键字作窗口名称。超级链接的"target"属性可以指定某个窗口的名称，这样链接被单击时目标页面会在指定窗口中显示。

例 2-4 窗口的名称和链接应用实例，显示效果如图 2-57 所示。

（1）导航菜单（left. html）

```
< ! DOCTYPE html PUBLIC " - //W3C//DTD XHTML 1. 0 Transitional//EN" "http://www. w3. org/TR/xhtml1/DTD/xhtml1 - transitional. dtd" >
< htmlxmlns = "http://www. w3. org/1999/xhtml" > < head > < title > 无标题文档 </title > < meta http - equiv = "Content - Type" content = "text/html; charset = utf - 8" / > </head >
< body >
< center >
< h2 > 目录 </h2 > < hr >
< p > < ahref = "s1. htm" target = "aa2" > 爱在深秋 </a > </p >
< p > < ahref = "s2. htm" target = "aa2" > 图像对文字的水平居中 </a > </p >
< p > < ahref = "s3. htm" target = "aa3" > 图像与文本之间的距离 </a > </p >
< p > < ahref = "http://www. sina. com. cn" target = "aa3" > 新浪网站 </a > </p >
</center >
</body > </html >
```

（2）框架定义（例 2-4. html）

```
< ! DOCTYPE html PUBLIC " - //W3C//DTD XHTML 1. 0 Transitional//EN" "http://www. w3. org/TR/xhtml1/DTD/xhtml1 - transitional. dtd" >
< htmlxmlns = "http://www. w3. org/1999/xhtml" >
< head >
< meta http - equiv = "Content - Type" content = "text/html; charset = utf - 8" / >
< title > 无标题文档 </title >
</head >
< frameset cols = "20% , ∗ ,200" border = "1" bordercolor = "#99CCFF" >
    < frame src = "left. html" name = "aa1" >
```

```
< frame src = " s1. html"  name = " aa3" >
    < frame src = " s2. html"  name = " aa2" noresize = " noresize" >
</frameset > < noframes > </noframes >
</html >
```

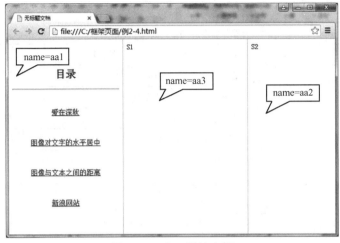

图 2-57   窗口链接实例

2.3.18   HTML5 的新增标签

HTML5 是近十年来 Web 标准巨大的飞跃。和以前的版本不同，HTML5 并非仅仅用于表示 Web 内容，它的使命是将 Web 带入一个成熟的平台，在这个平台上视频、音频、图像、动画以及同计算机的交互都被标准化。本小节将介绍 HTML5 的新增标签及其属性。

1. HTML5 标签

W3C（World Wide Web Consortium，万维网联盟）于 2010 年 1 月 22 日发布了 HTML5 的工作草案。HTML5 的一些新特性包括嵌入音频、视频、图片的函数、客户端数据存储以及交互式文档，还有一些新的页面元素，如 < header >、< section >、< footer >、< fig-ure > 等。通过制定如何处理所有 HTML 元素以及如何从错误中恢复的精确规则，HTML5 改进了操作性。

HTML5 的新增标签如表 2-4 所示。

表 2-4   HTML5 的新增标签

标　　签	描　　述
< article >	定义 article，相当于 < div id = " article" >
< aside >	定义页面之外的内容
< audio >	定义声音内容
< canvas >	定义图形画布
< command >	定义命令按钮（仅 IE 9 支持）
< datagrid >	定义树列表中的数据
< datalist >	定义下拉列表
< dataemplate >	定义数据模板

标　　签	描　　述
< details >	定义元素的细节
< dialog >	定义对话
< embed >	定义外部交互内容或插件
< event – source >	为服务器发送的事件定义目标
< figure >	定义媒介内容的分组以及它们的标题
< footer >	定义 section 或 page 的页脚
< header >	定义 section 或 page 的页眉
< m >	定义有记号的文本
< meter >	定义预定义范围内的度量
< nav >	定义导航链接
< nest >	定义数据模板中的嵌套点
< output >	定义输出的一些类型
< progress >	定义任何类型的任务的进度
< rule >	为升级模板定义规则
< section >	定义 section
< source >	定义媒介源
< time >	定义日期/时间
< video >	播放视频

HTML5 标签应用举例如下。

（1）　< article >标签

该标签用于定义来自外部的内容。外部内容可以是来自一个外部的新闻提供者的一篇新的文章，或者来自 blog 的文本，或者是来自论坛的文本，亦或是来自其他外部源内容。< article > 标签的内容独立于文档的其余部分，例如下面的代码，执行后显示效果如图 2–58 所示。

图 2–58　< article > 标签的内容独立于文档的其余部分

```
< div style = "width:1000px;height:460ox;margin:0 auto;text – align:center;border:1px solid #000;" >
  < article >
    < header >
      < h1 >在线看电影 </h1 >
      < p >发表日期:< timepubdate = "pubdate" >2016/09/01 </time > </p >
```

```
        </header>
        <p>公众号:cdbshg</p>
        <footer><p><small>dfgbdfbdfndrnrdt45</small></p></footer>
    </article>
</div>
```

article 元素代表了文档、页面或应用程序中的可以被外部引用的独立内容,它可以以一篇文章、一篇帖子、一段评论或者是独立的插件等形式出现。除了内容主题以外,一个 article 元素通常会有自己的标题及脚注。

(2) <aside>标签

该元素在网站制作中主要有以下两种使用方法。

1) 被包含在 article 元素中作为主要内容的附属信息部分,其中的内容可以是与当前文章相关的资料、名词解释等。例如:

```
<article>
    <h1>主要标题</h1>
    <aside>
        附属信息
    </aside>
</article>
```

2) 在 article 元素之外使用作为页面或站点全局的附属信息部分,最典型的是侧边栏,其中的内容可以是友情链接、博客中的其他文章列表、广告单元等。例如下面的代码执行后显示效果如图 2-59 所示。

```
<aside>
    <h2>文章列表</h2>
    <ul>
        <li>标题 1</li>
        <li>标题 2</li>
    </ul>
    <h2>热门文章</h2>
    <ul>
        <li>标题 1</li>
        <li>标题 2</li>
    </ul>
</aside>
```

(3) <audio>标签

该标签用于插入页面背景音乐。例如下面的代码,执行后播放背景音乐,显示结果如图 2-60 所示。

```
<!doctype html>
<html>
<head>
```

```
< title > Audio Element Sample < /title >
</head >
< body >
    < h1 > Audio Element Sample < /h1 >
    < audio src = " 1. mp3" controlsautoplay loop >
        HTML5 audio 不被支持时显示此行。
    < /audio >
</body >
< /html >
```

图 2-59   < aside > 标签显示效果

图 2-60   < audio > 标签显示效果

（4）< canvas > 标签

该标签定义图形画布。例如下面的代码，执行后显示效果如图 2-61 所示。

```
<! doctype html >
< html >
< head >
< meta http – equiv = "Content – Type" content = "text/html;charset = gb2312" / >
< style type = "text/css" >
    . canvas ｛ width:350px;height:350px;｝
    canvas ｛ border: 1px solid black;｝
< /style >
< /head >
< body onload = "draw( );" >
< div class = "canvas" >
< canvas id = "canvas"  >
    这里的内容展示给不兼容 canvas 的浏览器
< /canvas >
< /div >
< script type = "text/javascript" >
function draw( ) ｛
  canvas = document. getElementById( "canvas" ) ;
  if ( canvas. getContext) ｛ //检测浏览器是否兼容
    ctx = canvas. getContext( "2d" ) ;//getContext( )方法返回一个用于在画布上绘图的环境。当前
                            //唯一的合法参数值是"2d", 它指定了二维绘图
      ctx. fillStyle = " blue" ;//设置绘制颜色
```

66

```
    ctx. fillRect(10,10,100,50);//四个参数(x,y,width,height)
  }
}
</script >
</body >
</html >
```

例 2-5　利用 canvas 标签绘图，显示结果如图 2-62 所示。

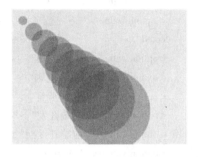

图 2-61　< canvas > 标签显示效果　　　图 2-62　利用 canvas 标签绘图

```
< ! DOCTYPE html PUBLIC " -//W3C//DTD XHTML 1. 0 Transitional//EN" "http://www. w3. org/
TR/xhtml1/DTD/xhtml1 - transitional. dtd" >
< htmlxmlns = "http://www. w3. org/1999/xhtml" >
< head >
< meta http - equiv = "Content - Type" content = "text/html;charset = utf - 8" / >
< script >
function draw( id) {
var canvas = document. getElementById( id) ;
if ( canvas == null) return false;
var context = canvas. getContext('2d' ) ;
context. fillStyle = "#EEEEFF" ;
context. fillRect(0,0,400,300) ;
var n = 0;
for ( var i = 0;i < 10;i ++ ) {
context. beginPath( ) ;
context. arc( i * 25,i * 25,i * 10,0,Math. PI * 2,true) ;
    context. closePath( ) ;
context. fillStyle = 'rgba(255,0,0,0. 25)' ;
      context. fill( ) ;
  }
}
</script >
</head >
< body onLoad = "draw('canvas' ) ;" >
< canvas id = "canvas" width = "400" height = "300"/ >
```

</body> </html>

（5） < datalist > 标签

datalist 标签定义下拉列表，一般不能单独使用，它需要与 input 标签的搭配使用，例如下列代码，执行后显示效果如图 2-63 所示。

图 2-63　< datalist > 标签显示效果

```
< input list = "w3cfuns – search" / >
< datalist id = "w3cfuns – search" >
        < option value = " – –选择 – –" selected = "se-
        lected" >
        < option value = "W3C 标准" >
        < option value = "W3C 规则" >
        < option value = "W3C 验证" >
        < option value = "前端开发" >
        < option value = "前端开发网" >
        < option value = "W3CSchool" >
< /datalist >
```

（6） < video > 标签

video 标签能够支持 . ogg 和 . mp4 等视频格式，用法如下：

```
< videoautoplay = "autoplay" controls = "controls" src = "zsx001. mp4" autobuffer >
您的浏览器不支持 video 标签。
< /video >
```

video 标签的主要属性如下。

1）src 属性。src 属性用于指定视频的地址。

2）poster 属性。poster 属性用于指定一张图片，在当前视频数据无效时显示（预览图）。视频数据无效可能是视频正在加载，也可能是视频地址错误等。

3）preload 属性。此属性用于定义视频是否预加载，有 3 个可选择的值：none、metadata、auto。none 表示不进行预加载，使用此属性值，可能是页面制作者认为用户不期望此视频，或者减少 HTTP 请求；metadata 表示部分预加载，使用此属性值，代表页面制作者认为用户不期望此视频，但为用户提供一些元数据（包括尺寸、第一帧、曲目列表、持续时间等）；auto 表示全部预加载，此为默认值。

4）autoplay 属性。此属性用于设置视频是否自动播放，例如 autoplay = "autoplay" 表示自动播放，省略则不自动播放。

5）loop 属性。loop 属性用于指定视频是否循环播放。

6）controls 属性。该属性用于向浏览器指明页面制作者没有使用脚本生成播放控制器，需要浏览器启用本身的播放控制栏。

7）width 属性和 height 属性。视频播放器的宽与高，默认为视频文件的宽与高。

8）source 标签。source 标签用于给媒体（因为 audio 标签同样可以包含此标签，所以这里用媒体，而不特指视频）指定多个可选择的（浏览器最终只能选一个）文件地址，且只能在媒体标签没有使用 src 属性时使用。

浏览器按 source 标签的顺序检测标签指定的视频是否能够播放（可能是视频格式不支持，视频不存在等），如果不能播放，换下一个。此方法多用于兼容不同的浏览器。source 标签本身不代表任何含义，不能单独出现，它包含 src、type、media 三个属性。

- src 属性：用于指定媒体的地址，和 video 标签的一样。
- type 属性：用于说明 src 属性指定媒体的类型，帮助浏览器在获取媒体前判断是否支持此类别的媒体格式。
- media 属性：用于说明媒体在何种媒介中使用，不设置时默认值为 all，表示支持所有媒介。

注意：IE9 以前的浏览器不支持 video 标签。

例 2-6 利用 HTML5 制作 3D 立体式图片相册切换效果。下面的代码运行效果如图 2-64 所示。

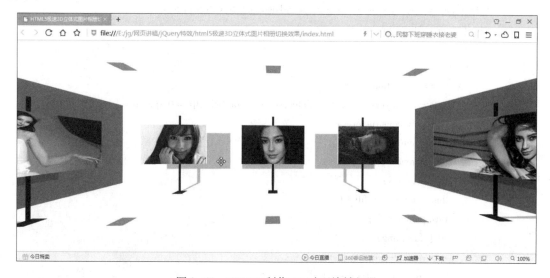

图 2-64　HTML5 制作 3D 动画旋转相册

```
< ! DOCTYPE html PUBLIC " - //W3C//DTD XHTML 1. 0 Transitional//EN" "http://www. w3. org/
TR/xhtml1/DTD/xhtml1 - transitional. dtd" >
< html xmlns = "http://www. w3. org/1999/xhtml" >
< head >
< meta http - equiv = "Content - Type" content = "text/html;charset = utf - 8" / >
< title >HTML5 极速 3D 立体式图片相册切换效果 </title >
< style type = "text/css" >
html {
    overflow:hidden;
    - ms - touch - action:none;
    - ms - content - zooming:none;
}
body {
    position:absolute;
```

```
            margin:0px;
            padding:0px;
            background:#fff;
            width:100% ;
            height:100% ;
    }
#canvas {
            position:absolute;
            width:100% ;
            height:100% ;
            background:#fff;
    }
    </style >
    < script type = "text/javascript"  src = "js/ge1doot. js" > </script >
    < script type = "text/javascript" >
    "use strict" ;
    (function( ) {
        /* ====  definitions ==== */
        var diapo = [ ] ,layers = [ ] ,ctx ,pointer ,scr ,camera ,light ,fps = 0 ,quality = [ 1 ,2 ] ,
        // ----poly constructor ----
        Poly = function( parent ,face) {
            this. parent = parent;
            this. ctx = ctx;
            this. color = face. fill || false;
            this. points = [ ] ;
            if( ! face. img) {
                // ---- create points ----
                for( var i = 0 ;i < 4 ;i ++ ) {
                    this. points[ i] = new ge1doot. transform3D. Point(
                            parent. pc. x  + ( face. x [ i] * parent. normalZ ) + ( face. z [ i] *
parent. normalX) ,
                                    parent. pc. y +  face. y[ i] ,
                                    parent. pc. z  + ( face. x [ i] * parent. normalX ) + ( - face. z [ i] *
parent. normalZ)
                            ) ;
                }
                this. points[ 3 ]. next = false;
            }
        } ,
        // ---- diapo constructor ----
        Diapo = function( path ,img ,structure) {
            // ---- create image ----
            this. img = new ge1doot. transform3D. Image(
```

70

```
                this, path + img. img, 1 , {
                    isLoaded:function( img ) {
                        img. parent. isLoaded = true;
                        img. parent. loaded( img ) ;
                    }
                }
            ) ;
        this. visible = false;
        this. normalX = img. nx;
        this. normalZ = img. nz;
        // ---- point center ----
        this. pc = new ge1doot. transform3D. Point( img. x, img. y, img. z) ;
        // ---- target positions ----
        this. tx = img. x + ( img. nx * Math. sqrt( camera. focalLength) * 20) ;
        this. tz = img. z - ( img. nz * Math. sqrt( camera. focalLength) * 20) ;
        // ---- create polygons ----
        this. poly = [ ] ;
        for( var i = - 1 , p; p = structure[ ++ i] ; ) {
            layers[ i] = ( p. img === true ? 1 : 2) ;
            this. poly. push(
                new Poly( this, p)
            ) ;
        }
    },
    // ---- init section ----
    init = function( json) {
        // draw poly primitive
        Poly. prototype. drawPoly = ge1doot. transform3D. drawPoly;
        // ---- init screen ----
        scr = new ge1doot. Screen( {
            container:" canvas"
        } ) ;
        ctx = scr. ctx;
        scr. resize( ) ;
        // ---- init pointer ----
        pointer = new ge1doot. Pointer( {
            tap:function( ) {
                if( camera. over) {
                    if( camera. over === camera. target. elem) {
                        // ---- return to the center ----
                        camera. target. x = 0;
                        camera. target. z = 0;
                        camera. target. elem = false;
```

```
    } else {
        // ---- goto diapo ----
        camera. target. elem = camera. over;
        camera. target. x = camera. over. tx;
        camera. target. z = camera. over. tz;
        // ---- adapt tesselation level to distance ----
        for( var i = 0, d; d = diapo[ i ++ ]; ) {
            var dx = camera. target. x - d. pc. x;
            var dz = camera. target. z - d. pc. z;
            var dist = Math. sqrt( dx * dx + dz * dz);
            var lev = ( dist > 1500) ? quality[ 0 ]  :quality[ 1 ];
            d. img. setLevel( lev) ;
        }
    }
}
});
// ---- init camera ----
camera = new ge1doot. transform3D. Camera( {
    focalLength:Math. sqrt( scr. width) * 10,
    easeTranslation:0. 025,
    easeRotation:0. 06,
    disableRz:true
}, {
    move:function( ) {
        this. over = false;
        // ---- rotation ----
        if( pointer. isDraging) {
            this. target. elem = false;
            this. target. ry = - pointer. Xi * 0. 01;
            this. target. rx = ( pointer. Y - scr. height * 0. 5)/( scr. height * 0. 5) ;
        } else {
            if( this. target. elem) {
                this. target. ry = Math. atan2(
                    this. target. elem. pc. x - this. x,
                    this. target. elem. pc. z - this. z
                );
            }
        }
        this. target. rx * = 0. 9;
    }
});
camera. z = - 10000;
```

72

```javascript
            camera. py = 0;
            // ---- create images ----
            for( var i = 0, img; img = json. imgdata[ i++ ] ; ) {
                diapo. push(
                    new Diapo(
                        json. options. imagesPath,
                        img,
                        json. structure
                    )
                ) ;
            }
            // ---- start engine ---- >>>
            setInterval( function( ) {
                quality = ( fps > 50) ? [ 2,3] : [ 1,2] ;
                fps = 0;
            } ,1000) ;
            run( ) ;
        },
        // ---- main loop ----
        run = function( ) {
            // ---- clear screen ----
            ctx. clearRect( 0,0,scr. width,scr. height) ;
            // ---- camera ----
            camera. move( ) ;
            // ---- draw layers ----
            for( var k = - 1,l; l = layers[ ++k ] ; ) {
                light = false;
                for( var i = 0,d; d = diapo[ i++ ] ; ) {
                    ( l === 1 && d. draw( ) ) ||
                    ( d. visible && d. poly[ k ]. draw( ) ) ;
                }
            }
            // ---- cursor ----
            if( camera. over && ! pointer. isDraging) {
                scr. setCursor( "pointer" ) ;
            } else {
                scr. setCursor( "move" ) ;
            }
            // ---- loop ----
            fps ++ ;
            requestAnimFrame( run) ;
        };
        /* ==== prototypes ==== */
```

```
Poly. prototype. draw = function( ) {
    // ---- color light ----
    var c = this. color;
    if( c. light || ! light) {
        var s = c. light ? this. parent. light :1;
        // ---- rgba color ----
        light = "rgba( " +
            Math. round( c. r * s) + "," +
            Math. round( c. g * s) + "," +
            Math. round( c. b * s) + "," + ( c. a || 1) + ")";
        ctx. fillStyle = light;
    }
    // ---- paint poly ----
    if( ! c. light || this. parent. light < 1) {
        // ---- projection ----
        for(
            var i = 0;
            this. points[ i ++ ]. projection( );
        );
        this. drawPoly( );
        ctx. fill( );
    }
}
/* ==== image onload ==== */
Diapo. prototype. loaded = function( img) {
    // ---- create points ----
    var d = [ -1,1,1, -1,1,1, -1, -1];
    var w = img. texture. width * 0. 5;
    var h = img. texture. height * 0. 5;
    for( var i = 0;i < 4;i ++ ) {
        img. points[ i] = new ge1doot. transform3D. Point(
            this. pc. x + ( w * this. normalZ * d[ i]) ,
            this. pc. y + ( h * d[ i +4]) ,
            this. pc. z + ( w * this. normalX * d[ i])
        );
    }
}
/* ==== images draw ==== */
Diapo. prototype. draw = function( ) {
    // ---- visibility ----
    this. pc. projection( );
    if( this. pc. Z >- ( camera. focalLength >> 1) && this. img. transform3D( true) ) {
        // ---- light ----
```

```javascript
        this. light = 0. 5 + Math. abs( this. normalZ * camera. cosY - this. normalX * camera. sinY) * 0. 6;
        // ---- draw image ----
        this. visible = true;
        this. img. draw( );
        // ---- test pointer inside ----
        if( pointer. hasMoved || pointer. isDown) {
            if(
                this. img. isPointerInside(
                    pointer. X,
                    pointer. Y
                )
            ) camera. over = this;
        }
    } else this. visible = false;
    return true;
}

return {
    // --- load data ----
    load : function( data) {
        window. addEventListener( 'load ', function( ) {
            ge1 doot. loadJS(
                " js/imageTransform3D. js" ,
                init , data
            );
        } , false) ;
    }
}
} ) ( ). load( {
    imgdata: [
        // north
        { img: 'images/1. jpg ', x: - 1000, y:0, z:1500, nx:0, nz:1} ,
        { img: 'images/2. jpg ', x:0,  y:0, z:1500, nx:0, nz:1} ,
        { img: 'images/3. jpg ', x:1000, y:0, z:1500, nx:0, nz:1} ,
        // east
        { img: 'images/4. jpg ', x:1500, y:0, z:1000, nx: - 1, nz:0} ,
        { img: 'images/5. jpg ', x:1500, y:0, z:0, nx: - 1, nz:0} ,
        { img: 'images/6. jpg ', x:1500, y:0, z: - 1000, nx: - 1, nz:0} ,
        // south
        { img: 'images/7. jpg ', x:1000, y:0, z: - 1500, nx:0, nz: - 1} ,
        { img: 'images/8. jpg ', x:0,  y:0, z: - 1500, nx:0, nz: - 1} ,
        { img: 'images/9. jpg ', x: - 1000, y:0, z: - 1500, nx:0, nz: - 1} ,
        // west
        { img: 'images/10. jpg ', x: - 1500, y:0, z: - 1000, nx:1, nz:0} ,
```

```
      {img:'images/11. jpg ',x: - 1500,y:0,z:0,nx:1,nz:0} ,
      {img:'images/12. jpg ',x: - 1500,y:0,z:1000,nx:1,nz:0}
  ] ,
  structure:[
      {
          // wall
          fill:{r:255,g:255,b:255,light:1} ,
          x:[ - 1001, - 490, - 490, - 1001] ,
          z:[ - 500, - 500, - 500, - 500] ,
          y:[500,500, - 500, - 500]
      } ,{
          // wall
          fill:{r:255,g:255,b:255,light:1} ,
          x:[ - 501,2,2, - 500] ,
          z:[ - 500, - 500, - 500, - 500] ,
          y:[500,500, - 500, - 500]
      } ,{
          // wall
          fill:{r:255,g:255,b:255,light:1} ,
          x:[0,502,502,0] ,
          z:[ - 500, - 500, - 500, - 500] ,
          y:[500,500, - 500, - 500]
      } ,{
          // wall
          fill:{r:255,g:255,b:255,light:1} ,
          x:[490,1002,1002,490] ,
          z:[ - 500, - 500, - 500, - 500] ,
          y:[500,500, - 500, - 500]
      } ,{
          // shadow
          fill:{r:0,g:0,b:0,a:0. 2} ,
          x:[ - 420,420,420, - 420] ,
          z:[ - 500, - 500, - 500, - 500] ,
          y:[150,150, - 320, - 320]
      } ,{
          // shadow
          fill:{r:0,g:0,b:0,a:0. 2} ,
          x:[ - 20,20,20, - 20] ,
          z:[ - 500, - 500, - 500, - 500] ,
          y:[250,250,150,150]
      } ,{
          // shadow
          fill:{r:0,g:0,b:0,a:0. 2} ,
```

```
        x:[ -20,20,20, -20],
        z:[ -500, -500, -500, -500],
        y:[ -320, -320, -500, -500]
},{
        // shadow
        fill:{r:0,g:0,b:0,a:0.2},
        x:[ -20,20,10, -10],
        z:[ -500, -500, -100, -100],
        y:[ -500, -500, -500, -500]
},{
        // base
        fill:{r:32,g:32,b:32},
        x:[ -50,50,50, -50],
        z:[ -150, -150, -50, -50],
        y:[ -500, -500, -500, -500]
},{
        // support
        fill:{r:16,g:16,b:16},
        x:[ -10,10,10, -10],
        z:[ -100, -100, -100, -100],
        y:[300,300, -500, -500]
},{
        // frame
        fill:{r:255,g:255,b:255},
        x:[ -320, -320, -320, -320],
        z:[0, -20, -20,0],
        y:[ -190, -190,190,190]
},{
        // frame
        fill:{r:255,g:255,b:255},
        x:[320,320,320,320],
        z:[0, -20, -20,0],
        y:[ -190, -190,190,190]
},
{img:true},
{
        // ceilingLight
        fill:{r:255,g:128,b:0},
        x:[ -50,50,50, -50],
        z:[450,450,550,550],
        y:[500,500,500,500]
},{
        // groundLight
```

```
                    fill:{r:255,g:128,b:0},
                    x:[-50,50,50,-50],
                    z:[450,450,550,550],
                    y:[-500,-500,-500,-500]
                }
            ],
            options:{
                imagesPath:""
            }
    });
</script>
</head>
<body>
<canvas id="canvas">你的浏览器不支持HTML5画布技术,请使用支持HTML5的浏览器。</
canvas>
</body>
</html>
```

2. HTML5 事件属性

HTML 元素可以拥有事件(如单击)属性,这些属性在浏览器中触发行为,可以去执行某一段 JavaScript 脚本。HTML5 支持的新事件属性如表 2-5 所示。

表 2-5   HTML5 支持的新事件属性

事　件	描　述
onabort	在发生中止事件时发生
onbeforeonload	在元素加载前发生
oncontextmenu	当菜单被触发时发生
ondrag	拖动脚本时发生
ondragend	拖动操作结束时发生
ondragenter	元素被拖动到一个合法的放置目标时发生
ondragleave	元素离开合法的放置目标时发生
ondragover	元素正在合法的放置目标上拖动时发生
ondragstart	当拖动操作开始时发生
ondrop	元素正在被拖动时发生
onerror	元素加载过程中出现错误时发生
onmessage	当 onmessage 事件触发时发生
onmousewheel	当鼠标滚轮滚动时发生
onresize	当元素调整大小时执行脚本
onscroll	当元素滚动条滚动时发生
onunload	当文档卸载时发生

3. HTML 5.0 标准属性

表 2-6 列出的 HTML5 新属性通用于每个标签。

表 2-6 HTML5 新属性

属　　性	值	描　　述
contenteditable	true/false	设置是否允许用户编辑元素
contentextmenu	菜单项目的 id	给元素设置一个上下文菜单
draggable	true/false/auto	设置是否允许用户拖动元素
irrelevant	true/false	设置元素是否相关，不显示非相关的元素
ref	elementID 的 url	仅设置 template 属性时使用，引用另一个文档或文档的另一个位置
registrationmark	registration mark	为元素设置拍照。可规定于任何 <rule> 元素的后代元素，除了 <nest> 元素
template	elementID 或 url	引用应该应用到该元素的另一个文档或本文档中的另一个位置

例 2-7　使用 HTML5.0 实现动感页面效果

1）新建一 HTML 文档，其中加入两个名为 box 和 main 的 Div：

```
<!DOCTYPE HTML > < html >
< head > < meta charset = "utf - 8" >
<title > 使用 HTML 5 实现动感页面效果 </title >
</head >
< body >
< div id = "box" > 欢迎来到 HTML5 页面 </div >
< div id = "main" > </div >
</body >
</html >
```

2）在头部为 body、box、main 设置样式如下：

```
<style type = "text/css" >
body {
        font - family:黑体;
        font - size:72px;
        font - weight:bold;
        color:#FFFFFF;
        background - color:#222222;
        margin:0px;
        overflow:hidden;
}
#box {
        width:100%;
        margin:250px 0px 0px 0px;
        text - align:center;
        z - index:1;
```

```
            user - select : none ;
             - moz - user - select : none ;
             - khtml - user - select : none ; }
        #main {
            position : absolute ;
            top : 0px ;
            left : 0px ;
            z - index : 4 ; }
    </style >
```

#box 的样式定义 user - select 属性主要作用是屏蔽选择,该属性有 3 个值。

- none:子元素的所有文字都不能选择,包括 input 输入框中的文字也不能选择。
- - moz - none:子元素的所有文字都不能选择,但 input 输入框中的文字可以选择。
- - moz - all:子元素的所有文字都可以选择,但 input 输入框中的文字不能选择。

- moz - user - select 和 - khtml - user - select 属性为针对不同内核的浏览器的写法。

3)在 main 的 div 中添加 HTML5 的新增标签 < canvas id = " canvas" > </canvas > 。

4)在页面头部添加以下 JavaScript 代码:

```
    < script type = " text/javascript" >
        var g ;
        var canvas ;
        var width = window. innerWidth ;
        var height =  window. innerHeight ;
        var windowHalfX = window. innerWidth / 2 ;
        var windowHalfY = window. innerHeight / 2 ;
        var mouseX = 0 ;
        var mouseY = 0 ;
        var pmouseX = 0 ;
        var pmouseY = 0 ;
        var mousePressed = false ;
        var drawRate = 6 ;
        var frameCount = 0 ;
        var PI = Math. PI ;
        var TWO_PI = 2 * Math. PI ;
        var HALF_PI = Math. PI * 0. 5 ;
        function init( ) {
            canvas = document. getElementById( 'canvas ' ) ;
            canvas. width = width ;
            canvas. height = height ;
            g = canvas. getContext( '2d ' ) ;
            g. setTransform( 1 , 0 , 0 , 1 , 0,0) ;
            document. addEventListener( 'mousemove ' , onDocumentMouseMove , false ) ;
            document. addEventListener( 'mousedown ' , onDocumentMouseDown , false ) ;
```

```
        document. addEventListener('mouseup', onDocumentMouseUp, false);
        document. addEventListener('keydown', onDocumentKeyDown, false);
        setup();
        drawInternal();
    }
    function windowResize() {
        g. setTransform(1, 0, 0, 1, 0,0);
    }
    function onDocumentMouseMove(event) {
        mouseX = event. clientX - canvas. offsetLeft;
        mouseY = event. clientY - canvas. offsetTop;
    }
    function onDocumentMouseDown(event) {
        mousePressed = true;
        mousePressedEvent();
    }
    function onDocumentMouseUp(event) {
        mousePressed = false;
    }
    function onDocumentKeyDown(event) {
    }
    function drawInternal() {
        draw();
        setTimeout('drawInternal()', drawRate);
        pmouseX = mouseX;
        pmouseY = mouseY;
        frameCount ++;
    }
    function clear() {
        g. clearRect(0,0,width,height);
    }
    function line(x1, y1, x2, y2) {
        g. beginPath();
        g. moveTo(x1,y1);
        g. lineTo(x2,y2);
        g. closePath();
        g. stroke();
    }
    function fillStrokeCircle(x,y,radius) {
        if(radius < =0)
            radius =0;
        g. beginPath();
        g. arc(x, y, radius, 0, TWO_PI, true);
```

```
        g. closePath( ) ;g. fill( ) ; g. stroke( ) ;
}
function fillCircle( x, y, radius) {
    if( radius < = 0)
        radius = 0;
    g. beginPath( ) ;g. arc( x, y, radius, 0, TWO_PI, true) ;
    g. closePath( ) ;g. fill( ) ;
}
function strokeCircle( x, y, radius) {
    if( radius < = 0)
        radius = 0;
    g. beginPath( ) ;
    g. arc( x,y, radius, 0, TWO_PI, true) ;
    g. stroke( ) ;
}
function dist( ax, ay, bx, by) {
    var dx = bx − ax;
    dy = by − ay;
    return Math. sqrt( dx * dx + dy * dy + dz * dz) ;
}
var currentRandom = Math. random;
    function Marsaglia( i1, i2) {
        var z = i1 || 362436069, w = i2 || 521288629;
        var nextInt = function( ) {
        z = ( 36969 * ( z&65535) + ( z >>> 16) ) & 0xFFFFFFFF;
        w = ( 18000 * ( w&65535) + ( w >>> 16) ) & 0xFFFFFFFF;
        return( ( ( z&0xFFFF) < <16) | ( w&0xFFFF) ) & 0xFFFFFFFF;
        } ;
        this. nextDouble = function( ) {
            var i = nextInt( )/ 4294967296;
            return i < 0 ? 1 + i : i;
        } ;
        this. nextInt = nextInt;
    }
    Marsaglia. createRandomized = function( ) {
        var now = new Date( ) ;
        return new Marsaglia( ( now / 60000) & 0xFFFFFFFF, now & 0xFFFFFFFF) ;
    } ;
    function PerlinNoise( seed) {
        var rnd = seed ! == undefined ? new Marsaglia( seed) : Marsaglia. createRandomized( ) ;
        var i, j;
        var p = new Array( 512) ;
        for( i = 0 ;i < 256; ++i) { p[ i] = i; }
```

```
        for(i =0;i <256; ++i) { var t =p[j =rnd. nextInt() & 0xFF]; p[j] =p[i]; p[i] =t; }
        for(i =0;i <256; ++i) { p[i +256] =p[i];
    }
function grad3d(i,x,y,z) {
        var h = i & 15;
        var u = h <8 ? x : y,
        v = h <4 ? y : h ===12 || h ===14 ? x : z;
        return((h&1) === 0 ? u : -u) + ((h&2) === 0 ? v : -v);
    }
function grad2d(i,x,y) {
        var v = (i & 1) === 0 ? x : y;
        return(i&2) === 0 ? -v : v;
    }
function grad1d(i,x) {
        return(i&1) === 0 ? -x : x;
    }
function lerp(t,a,b) { return a +t * (b -a); }
        this. noise3d = function(x, y, z) {
        var X = Math. floor(x)&255, Y = Math. floor(y)&255, Z = Math. floor(z)&255;
        x - = Math. floor(x); y - = Math. floor(y); z - = Math. floor(z);
        var fx = (3-2 * x) * x * x, fy = (3-2 * y) * y * y, fz = (3-2 * z) * z * z;
        var p0 =p[X] +Y, p00 =p[p0] +Z, p01 =p[p0 +1] +Z, p1 =p[X +1] +Y, p10 =
p[p1] +Z, p11 =p[p1 +1] +Z;
        return lerp(fz,
        lerp(fy, lerp(fx, grad3d(p[p00], x, y, z), grad3d(p[p10], x -1, y, z)),
        lerp(fx, grad3d(p[p01], x, y -1, z), grad3d(p[p11], x -1, y -1,z))),
        lerp(fy, lerp(fx, grad3d(p[p00 +1], x, y, z -1), grad3d(p[p10 +1], x -1, y, z -1)),
        lerp(fx, grad3d(p[p01 +1], x, y -1, z -1), grad3d(p[p11 +1], x -1, y -1,z -
1)))));
    };
        this. noise2d = function(x, y) {
        var X = Math. floor(x)&255, Y = Math. floor(y)&255;
        x - = Math. floor(x); y - = Math. floor(y);
        var fx = (3-2 * x) * x * x, fy = (3-2 * y) * y * y;
        var p0 =p[X] +Y, p1 =p[X +1] +Y;
        return lerp(fy,
        lerp(fx, grad2d(p[p0], x, y), grad2d(p[p1], x -1, y)),
        lerp(fx, grad2d(p[p0 +1], x, y -1), grad2d(p[p1 +1], x -1, y -1)));
    };
        this. noise1d = function(x) {
        var X = Math. floor(x)&255;
        x - = Math. floor(x);
        var fx = (3-2 * x) * x * x;
```

```
                    return lerp( fx, grad1d( p[ X ], x), grad1d( p[ X + 1 ], x – 1) );
        };

}

var noiseProfile = { generator: undefined, octaves: 4, fallout: 0.5, seed: undefined};
        function noise( x, y, z) {
            if( noiseProfile. generator === undefined) {
                noiseProfile. generator = new PerlinNoise( noiseProfile. seed) ;
            }
            var generator = noiseProfile. generator;
            var effect = 1, k = 1, sum = 0;
            for( var i = 0; i < noiseProfile. octaves; ++ i) {
                effect * = noiseProfile. fallout;
                switch( arguments. length) {
                case 1:
                    sum + = effect * (1 + generator. noise1d( k * x))/2; break;
                case 2:
                    sum + = effect * (1 + generator. noise2d( k * x, k * y))/2; break;
                case 3:
                    sum + = effect * (1 + generator. noise3d( k * x, k * y, k * z))/2; break;
                }
                k * = 2;
            }
            return sum;
        };
        function Worm( x, y) {
            this. x = x;
            this. y = y;
            this. lx = x;
            this. ly = y;
            this. heading = Math. sin( frameCount * 0.083) * PI;;
            this. rotation = Math. random( ) * ( PI / ( Math. random( ) * 70)) ;
            this. rate = 0;
            this. maxLength = 15 + ( noise( frameCount * 0.0025, frameCount * 0.1) * 15) ;
            this. detail = 2;
            this. thickness = 3;
            this. thicknessTarget = 5 + Math. random( ) * 10;
            var cIndex = parseInt( Math. random( ) * colors. length) ;
            this. c = colors[ cIndex] ;
            this. life = 30 + Math. random( ) * 120;
            this. segments = new Array( ) ;
            this. ooo = true;
            this. counter = noise( frameCount * 0.1, frameCount * .1) ;
            this. update = function( ) {
```

```javascript
                this. life − − ;
                if( this. life > 0 ) {
                        this. thickness + = ( this. thicknessTarget − this. thickness ) ∗ 0. 1 ;
                        this. thickness + = 0. 1 ;
                        if( this. thickness > this. thicknessTarget )
                                this. thickness = this. thicknessTarget ;
                        this. heading + = this. rotation ;
                this. rate = Math. cos( this. counter / 200. 0 ) ∗ ( 10 + noise( frameCount ∗ 0. 05 ) ∗ 10 ) ;
            this. rotation = Math. sin( this. counter/this. rate) ∗ ( this. segments. length + 1 ) ∗ 0. 010 ;
                        this. counter + + ;
var speedMod = ( this. segments. length ∗ this. segments. length ∗ this. segments. length ) ∗ 0. 0015 ∗ this.
thickness / this. thicknessTarget ;
                        var totalSpeed = ( this. detail + speedMod ) ;
                        var nx = Math. cos( this. heading ) ∗ totalSpeed ;
                        var ny = Math. sin( this. heading ) ∗ totalSpeed ;
                        this. walk( nx , ny ) ;
                }
                else {
                        if( this. segments. length > 1 ) {
                                this. segments. pop( ) ;
                        }
                        else {
                                this. thickness ∗ = 0. 95 ;
                                this. thickness − = 0. 2 ;
                                if( this. thickness < 0. 1 )
                                        this. ooo = true ;
                                return ;
                        }
                }
                this. ooo = true ;
                for( var i = 0 ; i < this. segments. length ; i + + ) {
                        var segment = this. segments[ i ] ;
                        if( segment. ooo( ) = = false) {
                                this. ooo = false ;
                                break ;
                        }
                }
        }
        this. walk = function( nx , ny ) {
                this. lx = this. x ;
                this. ly = this. y ;
                this. x + = nx ;
                this. y + = ny ;
```

```javascript
    var newSegment = new Segment( this. lx ,this. ly ,this. x ,this. y ,this. thickness) ;
        this. segments. unshift( newSegment) ;
        if( this. segments. length > 1)
this. segments[ this. segments. length − 1 ]. smoothAgainst( this. segments[ this. segments. length − 2 ] )
if( this. segments. length > = this. maxLength) {
            this. segments. pop( ) ;
        }
    }
}

function Segment( x1 ,y1 ,x2 ,y2 ,thickness) {
    this. x1 = x1 ;
    this. y1 = y1 ;
    this. x2 = x2 ;
    this. y2 = y2 ;
    this. thickness = thickness ;
    var angle = Math. atan2( y2−y1 ,x2−x1 ) ;
    this. lAngle = angle − HALF_PI ;
    var lDeltaX = Math. cos( this. lAngle) ∗ thickness ;
    var lDeltaY = Math. sin( this. lAngle) ∗ thickness ;
    this. leftX1 = x1 + lDeltaX ;
    this. leftY1 = y1 + lDeltaY ;
    this. leftX2 = x2 + lDeltaX ;
    this. leftY2 = y2 + lDeltaY ;
    this. rAngle = angle + HALF_PI ;
    var rDeltaX = Math. cos( this. rAngle) ∗ thickness ;
    var rDeltaY = Math. sin( this. rAngle) ∗ thickness ;
    this. rightX1 = x1 + rDeltaX ;
    this. rightY1 = y1 + rDeltaY ;
    this. rightX2 = x2 + rDeltaX ;
    this. rightY2 = y2 + rDeltaY ;
    this. smoothAgainst = function( last) {
        this. leftX1 = last. leftX2 = ( last. leftX2 + this. leftX1 ) ∗ 0. 5 ;
        this. leftY1 = last. leftY2 = ( last. leftY2 + this. leftY1 ) ∗ 0. 5 ;
        this. rightX1 = last. rightX2 = ( last. rightX2 + this. rightX1 ) ∗ 0. 5 ;
        this. rightY1 = last. rightY2 = ( last. rightY2 + this. rightY1 ) ∗ 0. 5 ;
    }
    this. ooo = function( ) {
        if( this. x1 < 0 ‖ this. y1 < 0 ‖ this. x1 > width ‖ this. y1 > height ‖
            this. x2 < 0 ‖ this. y2 < 0 ‖ this. x2 > width ‖ this. y2 > height)
            return true ;
        else
            return false ;
    }
```

```javascript
        }
    var worms;
    var colors = [ ];
    colors[ 0 ] = '#2cd9fe ';
    colors[ 1 ] = '#2cfecf ';
    colors[ 2 ] = '#373fdf ';
    colors[ 3 ] = '#88fe1f ';
    colors[ 4 ] = '#48d6ff ';
    colors[ 5 ] = '#b3fcff ';
    colors[ 6 ] = '#f76cad ';
    colors[ 7 ] = '#505083 ';
    colors[ 8 ] = '#113a7e ';
    colors[ 9 ] = '#014050 ';
    colors[ 10 ] = '#ccf3ef ';
    colors[ 11 ] = '#009437 ';
    colors[ 12 ] = '#8fb300 ';
    function setup( ) {
        worms = new Array( ) ;
    }

    function draw( ) {
        clear( ) ;
        for( var w = 0; w < worms. length; w ++ ) {
            var worm = worms[ w ] ;
            worm. update( ) ;
            g. fillStyle = worm. c ;
            g. lineWidth = 2 ;
            g. strokeStyle = '#ffffff ';
            if( worm. segments. length > 1 ) {
                g. beginPath( ) ;
                g. moveTo( worm. segments[ 0 ]. leftX1 , worm. segments[ 0 ]. leftY1 ) ;

                for( var i = 0; i < worm. segments. length; i ++ ) {
                    var segment = worm. segments[ i ] ;
                    g. lineTo( segment. leftX1 , segment. leftY1 ) ;
                }
g. lineTo( worm. segments[ worm. segments. length – 1 ]. rightX1 , worm. segments[ worm. segments. length
 – 1 ]. rightY1 ) ;
                for( var i = worm. segments. length – 1; i > = 0; i –– ) {
                    var segment = worm. segments[ i ] ;
                    g. lineTo( segment. rightX1 , segment. rightY1 ) ;
                }
                g. closePath( ) ;
```

```
                    g. fill( ) ;
                    g. stroke( ) ;
            }
            g. strokeStyle = '#ffffff ' ;
            if( worm. segments. length > = 1 ) {
                    var x = worm. segments[ 0 ]. x1 ;
                    var y = worm. segments[ 0 ]. y1 ;
                    var thickness = worm. segments[ 0 ]. thickness ;
                    if( worm. thickness < thickness )
                            thickness = worm. thickness ;
                    if( thickness < = 0 )
                            thickness = 0. 000001 ;
                    g. beginPath( ) ;
        g. arc( x, y, thickness, worm. segments[ 0 ]. lAngle, worm. segments[ 0 ]. rAngle, false ) ;
                    g. closePath( ) ;
                    g. stroke( ) ;
                    var xEnd = worm. segments[ worm. segments. length - 1 ]. x1 ;
                    var yEnd = worm. segments[ worm. segments. length - 1 ]. y1 ;
                    thickness = worm. segments[ worm. segments. length - 1 ]. thickness ;
                    if( worm. thickness < thickness )
                            thickness = worm. thickness ;
                    if( thickness < = 0 )
                            thickness = 0. 000001 ;
                    g. beginPath( ) ;
        g. arc( xEnd, yEnd, thickness, worm. segments[ worm. segments. length - 1 ]. lAn-
gle, worm. segments[ worm. segments. length - 1 ]. rAngle, true ) ;
                    g. closePath( ) ;g. stroke( ) ;
                    thickness = worm. thickness - 0. 6 ;
                    if( worm. thickness < thickness )
                            thickness = worm. thickness ;
                    fillCircle( worm. segments[ 0 ]. x1 ,worm. segments[ 0 ]. y1 ,thickness ) ;
                    thickness = worm. segments[ worm. segments. length - 1 ]. thickness - 0. 6 ;
                    if( worm. thickness < thickness )
                            thickness = worm. thickness ;
        fillCircle( worm. segments[ worm. segments. length - 1 ]. x1 ,worm. segments[ worm. segments. length
- 1 ]. y1 ,thickness ) ;
                    if( worm. life > 0 ) {
                            g. fillStyle = "#FFFFFF" ;
                            fillCircle( worm. segments[ 0 ]. x1 ,worm. segments[ 0 ]. y1 ,thickness * 0. 72 ) ;
                    }
            }
    }
    for( var w = 0 ; w < worms. length ; w ++ ) {
```

```
                    var worm = worms[ w ];
                    if( worm. ooo ) {
                        worms. splice( w ,1 ) ; w - - ;
                    }
                }
                if( frameCount % 2 = = 0 && mousePressed && worms. length < 50 ) {
                    var direction = Math. atan2( pmouseY - mouseY, pmouseX - mouseX ) + PI;
                    var newWorm = new Worm( mouseX ,mouseY ) ; worms. push( newWorm ) ;
                    if( mouseX ! = pmouseX && mouseY ! = pmouseY )
                        newWorm. heading = direction ;
                }
            }
            function mousePressedEvent( ) {
            }
    </script >
```

5）在 body 标签中加 onresize = " windowResize( )" onload = " init( )"，保存页面，在 IE9
以上或谷歌浏览器中预览该页面，使用鼠标在页面的任意位置单击，即可看到动感十足的动
态效果，如图 2-65 所示。

图 2-65　HTML5 动画效果

2.3.19　任务实施

1. 任务场景
制作一个网上采集个人简历的表单页面。

2. 操作环境
Windows 7、Dreamweaver CS6、IE 及谷歌浏览器。

3. 操作步骤
参见第 2.3.11 节表单页设计。

4. 课堂练习

输入姓名和性别，提交到后台的动态页面进行显示。

（1）前台数据输入页面 input. html

```
< body > < form id = "form1" name = "form1" method = "post" action = "disp. asp" >
  < label >姓名 < input name = "name" type = "text" id = "name" / >
  < br > </label >
  < label >性别
  < select name = "sex" id = "sex" >
    < option value = "男" selected >男 </option >
    < option value = "女" >女 </option >
  </select >    </label >
  < p > < label >
  < input type = "submit" name = "Submit" value = "提交" / >
  </label > </p >
</form > </body >
```

（2）后台处理页面 disp. asp

```
< body >
< %
dim xm,xb
xm = Request. Form("name")
xb = Request. Form("sex")
Response. write("姓名:" + xm + "< br >")
Response. write("性别:" + xb)
% >
</body >
```

项目3　网页外观制作技术

知识技能目标

- 了解 CSS 概念和基本语法，熟练将 CSS 样式应用到网页中
- 理解 Div 盒子模型，能够独立运用 CSS + Div 布局并制作符合 W3C 标准的网页

任务3.1　网页样式表基础

3.1.1　任务分析

随着 Web 2.0 的大潮席卷而来，网页标准化 CSS + Div 的布局模式正逐渐取代传统的表格布局模式。CSS + Div 是网站标准（Web 标准）中常用的术语之一，通常用于说明与 HTML 中表格（table）定位方式的区别，因为 XHTML 网站设计标准中，不再使用表格定位技术，而是采用 CSS + Div 的方式实现各种定位。

CSS + Div 模式具有比表格更大的优势，它将结构与表现分离，代码简洁，速度更快，便于搜索，方便后期维护和修改，在多种不同显示终端上的体验更好。

某企业的网站外包给我们，我们推荐企业采用 CSS + Div 布局来规划页面，虽然在制作成本上要高于 table 表格布局，但由于它的诸多优点，企业决定选择 CSS + Div 布局方式。下面我们先了解 CSS 的相关知识。

3.1.2　层叠样式表（CSS）的基本概念

CSS 是 Cascading Style Sheets（层叠样式表）的缩写，简称样式表，是专门用于控制网页外观的代码。

网页设计最初是用 HTML 标记来定义页面文档及格式，如标题 < h1 > 、段落 < p > 、表格 < table > 等，但这些标记不能满足更多、更细致的网页文档样式需求，并且使得 HTML 文档显得冗长和繁杂，为了解决这个问题，Web 标准建议将网页的结构内容与外观表现分开定义，也就是用样式表专门保存页面元素的外观定义。

1997 年万维网联盟（The World Wide Web Consortium，W3C）在颁布 HTML4 标准的同时也公布了样式表的第一个标准 CSS1。

1998 年 5 月 W3C 发布了 CSS2，样式表得到了更多的充实。W3C 把 DHTML（Dynamic HTML，动态 HTML）分成脚本语言（如 JavaScript）、浏览器和 CSS 样式表 3 个部分来实现。

CSS 语言是一种标记语言，不需要编译，可以直接由浏览器解释执行，外部 CSS 文件必须用 . css 作文件扩展名，也是纯文本文件。CSS 的基本语法格式如图 3-1 所示。

选择器名　{　属性1：值；　属性2：值；　}

图 3-1　CSS 的基本语法格式

3.1.3 层叠样式表（CSS）定义与引用

1. 选择器的种类

选择器（selector）是 CSS 中的重要概念，图 3-1 的 CSS 语法格式中的选择器名主要有标记选择器、id 选择器、类选择器和通用选择器等几种类型，选择器类型不同，其定义和引用的方式也有所不同。HTML 中的标记都是通过不同的 CSS 选择器进行样式控制的。

2. 样式的定义

CSS 样式定义可以放在以下几个地方。

1）放在 HTML 标签内（称为行内样式，通过标签的 style 属性定义，只对当前标签起作用）。

例如：

```
< div style = "width:100px;height:200px;" > … </div >
```

2）放在 HTML 文档头部（叫嵌入样式，通过 < style > … </style > 标记放于 < head > … </head > 之间）。

例如，下列代码定义了一个 id 选择器 abc 的样式：

```
< head >
< style type = "text/css" >
#abc{
    width:100px;
    height:200px;
}
</style >
</head >
```

3）放在外部 css 文档中（叫链接样式，在文档中直接写样式代码，不需要 < style > 和 </style > 标记）。

注意：样式定义时，一行内可以定义多个属性，属性名与属性值之间为一个冒号，每个属性定义后面要加一个分号，最后一个属性定义后面的分号可以省略。

3. 几种类型选择器的引用方法

（1）标记选择器

标记选择器就是以 HTML 标签命名的选择器样式。定义格式如下：

```
HTML 标签名{ 样式属性定义;}
```

标记选择器直接用 HTML 标签名引用，如果前面已经定义了样式：

```
h2 {
    color:#ff0000;
    font - size:20px;
}
```

则表示在页面中 < h2 > … </h2 > 中内容的字体颜色显示为红色，大小显示为 20 像素。

92

（2）id 选择器

id 选择器是以页面元素的 id 属性命名的选择器样式。定义格式如下：

  #选择器名｛样式属性定义；｝

id 选择器通过元素的 id 属性引用，例如 < div id = " nav" > </div > 表示此 Div 引用样式表中由#nav 定义的 CSS 样式。

（3）class 类选择器

class 类选择器是以页面元素的 class 属性命名的选择器样式。定义格式如下：

  . 选择器名｛样式属性定义；｝

类选择器通过元素的 class 属性引用，例如 < div class = " nav" > </div > 表示此 Div 引用样式表中由 . nav 定义的 CSS 样式。

（4）通用选择器

通用选择器就像通配符，它匹配所有可用元素。通用选择符用一个星号表示，例如：

  *｛padding:0px；Margin:0px；｝

以上代码表示页面中每个标记的内外边距均为零。

例 3-1　嵌入样式，执行效果如图 3-2 所示。

```
< html >
< head > < title > CSS 嵌入式 </title >
< meta http - equiv = " Content - Type"  content = " text/html;charset = utf - 8" / >
< style type = " text/css" >
body｛
        color:#ff0000；
        background - color:#fff；
        font - size:12px；
｝
</style >
</head >
< body >
        < p > CSS 嵌入式 </p >
</body >
</html >
```

注意：id 选择器名和 class 类选择器名不能用数字开头，应尽可能保持名称有意义，并最好区分大小写。虽然 CSS 和常规 HTML 并不区分大小写，但是使用 XHTML 时，class 类名和 id 名就必须区分大小写。因此，为了保证一致性，最好区分大小写。

图 3-2　使用嵌入
样式的效果图

3.1.4　选择器的集体声明与 CSS 的注释

1. 选择器的集体声明

我们在对具有相同特征的标记统一进行声明时可以使用集体声明，例如：

```
< style type = "text/css" >
    h1,h2,h3,#abc,. xyz,h4,h5｛ color:#ff0000;font – size:20px;｝
</style >
```

表示将 h1，h2，h3，#abc，. xyz，h4，h5 做集体声明，定义这些标记内的字体颜色为红色，大小为 20 像素。

注意：

1）集体声明适用于任何形式的选择器，包括标记选择器、class 类选择器和 ID 选择器。

2）做集体声明时，各样式名称之间用逗号隔开。

2. CSS 的注释

CSS 注释以/＊开头，以＊/结束。注释成功的内容在 Dreamweaver 中以灰色显示，它可以是单行或多行，而且可以出现在代码中的任何地方。例如：

```
Body ｛ font – size:20px;/＊设置字体大小＊/｝
```

建议某些暂时不用的样式属性可以先注释而不要删除，以便以后再次使用。单行注释也可以在行首使用双斜杠//。

3.1.5　选择器的嵌套与继承

1. 选择器嵌套

选择器嵌套，如 p span｛…｝，表示在 p 标记里面的 span 元素，都表现｛…｝定义的样式。

图 3-3　选择器嵌套

例 3-2　选择器嵌套，显示效果如图 3-3 所示。

```
< html >
< head >
< title >选择器的嵌套</title >
< meta http – equiv = "Content – Type" content = "text/html; charset = utf – 8" / >
< style >
    p em｛ color:#FF0000; font – size:14px｝
    /＊嵌套在 p 标记内的 em 标记内的文字颜色为红色,字体大小为 14 号＊/
</style >
</head >
< body >
    <p >这是< em >使用了</em >选择器嵌套声明的结果. </p >
    这是< em >没有使用</em >选择器嵌套声明的结果.
</body >
</html >
```

2. CSS 继承（inherit）

CSS 中子元素可以自动继承父元素的属性值，如颜色、字体等，已经在父元素中定义过的样式，在子元素中可以直接继承，不需要重复定义。例如我们定义一个标记选择器样式：

```
body｛color:#000000;｝
```

该样式定义了 body 标记内的颜色为黑色。根据继承关系，我们不需要再为 body 内其他元素定义这个属性。比如我们再次定义 td,p,h1,｛color:#000000;｝是没有必要的。

注：IE8 以下不支持 CSS 的继承属性。

3.1.6 HTML 文档与外部样式文档的关联

1. 链接样式

链接样式就是在头部用 <link> 标记将外部的 CSS 文档导入到当前网页中。

例 3-3 链接样式。代码如下：

```
<html>
    <head> <title>CSS 链接样式</title>
    <meta http - equiv = "Content - Type"  content = "text/html;charset = utf - 8" />
    <link href = "css/3-1. css"  type = "text/css"    rel = "stylesheet" />
    </head>
    <body>
      <p>CSS 链接样式</p>
    </body>
</html>
```

其中，href = "css/3-1. css" 是 CSS 文件的路径；type = "text/css" 指定所连接文档的类型；rel 是关联的意思，rel = "stylesheet" 表示关联的是一个样式表（stylesheet）文档。

2. 导入样式

导入样式与嵌入式类似，都是将 style 样式嵌入在 head 部分。例如：

```
<style type = "text/css">
  @import url(css/3-1. css);
</style>
```

其中，@import 是导入式的标志，url 是 css 样式文档的路径。

链接式和导入式最大的区别在于链接式使用 HTML 的标记引入外部 CSS 文件，而导入式则是用 CSS 的规则引入外部 CSS 文件，因此它们的语法不同。

此外，这两种方式的显示效果也略有不同。使用链接式时，会在装载页面主体部分之前装载 CSS 文件，这样显示出来的网页从一开始就是带有样式效果的；而使用导入式时，要在整个页面装载完之后再呈现相应的 CSS 效果，如果页面文件比较大，则开始装载时会显示无样式的页面，从浏览者的感受来说，这是使用导入式的一个不足。

3.1.7 样式的优先级

1. 同一属性取近优先（！important 除外）

当两个以上样式（相同控制属性）同时作用于一个页面元素时，应按照样式定义取近优先的原则，即后定义的样式优先于先定义的样式。

例3-4 样式定义取近优先，运行结果如图3-4所示。

```
< html >
< head >
< meta http - equiv = "Content - Type" content = "text/html;charset = utf - 8" / >
< title > CSS 样式的优先级 < /title >
< style type = "text/css" >
. ab｛ color:#000000;font - size:14px｝
. ab2｛ color:#ff0000;font - size:14px;｝
< /style >
< /head >
< body >
< p class = "ab ab2" > 按取近优先的原则这里字体显示红色 < /p >
< p class = "ab2 ab" > 按样式取近优先的原则这里字体仍显示红色 < /p >
< /body >
< /html >
```

2. 最高优先级！important（低于行内样式）

例3-5 使用！important 定义举例，显示结果如图3-5所示。

```
< html >
< head >
< meta http - equiv = "Content - Type" content = "text/html;charset = utf - 8" / >
< style type = "text/css" >
. beijin｛ background - color:red ！important;｝
. beijin｛ background - color:yellow ;｝
< /style >
< /head >
< body class = "beijin" > 显示为红色背景 < /body >
< /html >
```

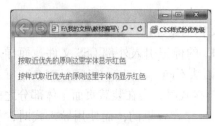

图 3-4　样式定义取近优先运行结果

图 3-5　使用！important 定义的显示效果

3. 定义在不同位置的样式优先级

不同样式的优先级为：行内样式 > 嵌入样式 > 外部样式。

例3-6 下面的代码既使用了行内样式又使用了嵌入样式，则行内样式起作用。运行结果如图3-6所示。

```
<html>
<head>
<meta http-equiv="Content-Type" content="text/html;charset=utf-8" />
<title>CSS样式的优先级</title>
<style>
p{
    color:#000000;
    font-size:14px;
}
</style>
</head>
<body>
    <p style="color:#ff0000;font-size:14px;">
    这里是使用了行内样式显示的结果</p>
    <p>这里是没有使用行内样式显示的结果</p>
</body>
</html>
```

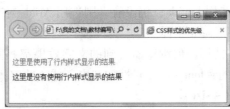

图3-6　使用行内样式和嵌入样式的效果

3.1.8　任务实施

1. 任务场景

对创建的网站首页使用样式表进行基础样式的设计。

2. 操作环境

Windows 7、Dreamweaver。

3. 操作步骤

1）创建一个网站文件夹，在其中创建一个名为 images 的子文件夹和一个名为 css 的子文件夹。

2）将网站用到的所有素材复制到网站根目录中的对应子文件夹中。

3）打开 Dreamweaver，在网站根目录新建一个 HTML 文档，命名为 index. html。

4）在 css 文件夹中创建一个名为 css. css 的样式文件。

5）将 index. html 与 css. css 进行关联。

6）使用样式表对 HTML 文档进行基本样式设计，包括页面背景色与背景图像，页面文本的字体、大小、颜色等样式。

7）在 index.html 中加入一些页面元素。

4. 课堂练习

将以上练习页面中的样式使用多种不同的选择器进行定义与引用。

任务 3.2　常见页面效果的样式设计

3.2.1　任务分析

以往设计页面外观是通过元素标签及其属性控制，但是弊端是很明显的，如页面代码繁杂、无法精细控制所有属性外观、不方便统一修改所有页面的风格、不符合 Web 设计标准等，所以现在都是通过 CSS 样式表控制页面的显示效果，本任务就是根据用户需求，针对页面的不同元素，全部采用样式表进行效果的控制。

3.2.2　CSS 文字效果

1. 定义字体（font – family）

Web 标准推荐使用如下方法定义字体：

> body{ font – family:Verdana,Lucida,Arial,Helvetica,sans – serif,宋体;}

说明：字体按照所列出的顺序选用。如果用户的计算机含有 Verdana 字体，文字被指定为 Verdana；如果没有，则选用 Lucida；仍没有，则选用 Arial，依次类推；如果所列出的字体都不能用，则默认为 sans – serif 字体。

如果希望在任何地方、使用任何浏览器看到的文字效果都相同，一种方法是做成图片，还有一种方法是使用 CSS3 的@ font – face 属性加载服务器上的字体。

2. 定义文字大小（font – size）

定义文字大小通常用像素作为计量单位，例如：

> body{ font – size:12px;}

此样式表示 body 标记内字体以 12 像素大小显示。

关于文字大小还有其他计量单位，可以参考如下：

- body{ font – size:0. 5in;}
- body{ font – size:5mm;}
- body{ font – size:0. 5cm;}
- body{ font – size:4pc;}

上述样式的运行效果如图 3-7 所示。

3. 定义文字颜色（color）

CSS 中颜色值可以用 RGB 值、百分比、

图 3-7　字号采用几种常见单位时显示的大小对比

98

英文单词等形式写出，例如：

- body｛ color:rgb(255,0,0);｝
- body｛ color:#ff0000;｝
- body｛ color:rgb(0%,0%,70%);｝
- body｛ color:red;｝

上述样式的显示效果如图 3-8 所示。

4. 定义文字粗细（font – weight）

CSS 对文字粗细样式的定义通过 font – weight 属性实现，属性值可以是数值，也可以是英文单词，例如，body｛ font – weight:500;｝和 body｛ font – weight:bold;｝显示的效果是一样的，表示 body 标记内字体显示样式为粗体。通常我们用 bold 表示粗体，用 normal 表示正常粗细。

图 3-8　不同颜色值下显示的文字效果

5. 定义文字斜体（font – style）

CSS 对文字斜体样式的应用是通过 font – style 属性实现的，其属性值有 3 个，分别如下。

- normal：显示为正常。
- oblique：显示为偏斜体。
- italic：显示为斜体。

6. 定义文字上画线、下画线与删除线（text – decoration）

CSS 的 text – decoration 的属性可以实现文字的上画线、下画线和删除线的显示效果，其属性值分别如下，对应的显示效果如图 3-9 所示。

- overline：显示为上画线。
- underline：显示为下画线。
- line – through：显示为删除线。

7. 定义英文字母大小写（text – transform）

CSS 的 text – transform 属性可以对英文字母进行大小写控制，其属性值如下。

- capitalize：单词首字母大写。
- lowercase：字母全部小写。
- uppercase：字母全部大字。

上述样式属性对应的显示效果如图 3-10 所示。

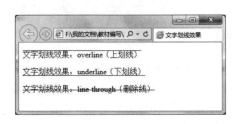

图 3-9　文字的上画线、下画线与删除线效果

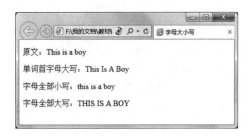

图 3-10　英文字母大小写显示效果

99

8. 定义文字段落垂直对齐样式（vertical – align）

vertical – align 是设置文字垂直方向对齐属性的样式。这个样式仅对 table 有效，或者说仅对 td 有效。vertical – align 属性值如下。

- top：内容与对象顶端对齐。
- middle：内容与对象中部对齐。
- bottom：内容与对象底端对齐。
- sub：垂直对齐文本的上标。
- super：垂直对齐文本的上标。
- text – top：文本与对象顶端对齐。
- text – bottom：文本与对象底端对齐。

9. 定义段落水平对齐方式（text – align）

text – align 样式属性用于对段落进行水平对齐设置。其属性值如下。

- left：左对齐，默认值。
- right：右对齐。
- center：居中对齐。
- justify：两端对齐。

文字水平对齐效果如图 3–11 所示。

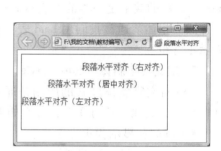

图 3–11　文字水平对齐效果

10. 禁止文字自动换行

CSS 禁止文字在容器内自动换行是通过样式定义"white – space：nowrap；"实现的。具体效果如图 3–12 和图 3–13 所示。

图 3–12　不设置 white – space：nowrap；

图 3–13　设置 white – space：nowrap；

11. 定义字间距（letter – spacing）

CSS 的 letter – spacing 属性用于设置字符间的距离，其属性值如下。

- Normal：正常间距，默认值（相当于 0px）。
- 数值：可用单位（cm，mm，in，pt，pc，px）。

12. 定义行间距（line – height）

CSS 中行间距是通过行高属性（line – height）设定的，其属性值如下。

- Normal：默认值。
- 数值：可用单位（cm，mm，in，pt，pc，px）。

图 3–14 为设置了字间距和行高属性的显示效果。

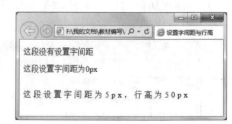

图 3–14　设置了字间距和
行高属性的显示效果

3.2.3 CSS 图片效果

1. 图片对齐

图片对齐方式和文字对齐方式类似，分为水平对齐和垂直对齐。

（1）水平对齐属性 text – align

水平属性值有 left、center、right。左、中、右的水平对齐效果如图 3-15 所示。

（2）垂直对齐属性 vertical – align

- top：内容与对象顶端对齐。
- middle：内容与对象中部对齐，效果如图 3-16 所示。

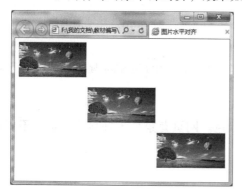

图 3-15　左、中、右水平对齐效果

图 3-16　垂直对齐 middle 的效果

- bottom：内容与对象底端对齐。
- sub：垂直对齐文本的下标。
- text – top：文本与对象顶端对齐。
- text – bottom：文本与对象底端对齐。

2. 图片缩放

例如，代码 < img src = " pic. jpg" style = " width：50%" > </img > 定义了 pic. jpg 这个图片以浏览器窗口宽度的 70% 显示，当对浏览器窗口进行大小缩放时，图片大小也随之发生相应变化。同理，我们也可以对该图片的高度进行缩放控制。

例如代码 < img src = " pic. jpg" style = " height：70%" > </img > 的图片缩放效果如图 3-17 所示。

图 3-17　图片的缩放效果

3. 图文混排

CSS 图文混排是通过浮动 float 和清除浮动 clear 属性实现的，如表 3-1 所示。

表 3-1　CSS 图文混排的控制

属　　性	属 性 含 义	属 性 值
float	使文字环绕在一个图片的四周	left/right/none
clear	定义某一边是否清除环绕文字	left/right/none/both

例如下列代码，执行后显示效果如图 3-18
所示：

图 3-18　图文混排

< p style = " line - height:17pt" > < img src = "
baidu. gif" style = " float:left;" >百度，2000 年 1 月创立于
北京中关村，是全球最大的中文网站 、最大的中文搜索引
擎。2000 年 1 月 1 日，公司创始人李彦宏、徐勇携 120 万
美元风险投资，从美国硅谷回国，创建了百度公司。创立
之初，百度就将自己的目标定位于打造中国人自己的中文
搜索引擎，并愿为此目标不懈的努力奋斗。</p>

3.2.4　CSS 网页背景效果

1. 背景颜色

CSS 背景颜色属性（background - color）相当于 HTML 中的 bgcolor 属性，格式如下：

body { background - color:#99FF00;}

上面的代码设置 body 标记的背景颜色是翠绿色。网页背景色最好显式指定，不要使用
默认值。

2. 背景图片

CSS 定义文档背景图片的代码如下：

background - image:url(背景图片的相对或绝对路径);

此外，CSS 背景图片还有重复、位置、附着等属性，如表 3-2 所示。

表 3-2　CSS 控制网页背景图片的属性

背景图片样式属性 （与 background - images 一起使用）	含　　义	属　性　值
重复属性 background - repeat	背景图片是否重复。 默认横向、竖向均重复	Repeat - x：背景图片横向重复 Repeat - y：背景图片竖向重复 no - repeat：背景图片不重复
位置属性 background - position	背景图片的相对位置	如设置背景位置距网页最左边 20px，距网页最上 边 60px，格式如下： background - position：20px 60px
附着属性 background - attachment	图片是跟随内容滚动，还 是固定不动	Scroll：图像随浏览器滚动（默认） Fixed：背景图像固定

例如，下面的代码使用 bg. jpg 作页面背景，水平重复，背景图片不滚动，效果如图 3-19
所示。

< body background = "images/bg. jpg" style = "background - repeat:Repeat - x;
background - attachment:fixed" >

3.2.5　CSS 链接效果

CSS 中对链接样式的设置是通过 a：link、a：visited、a：hover 和 a：active 共 4 个伪类

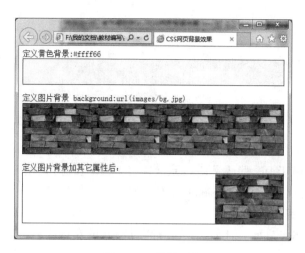

图 3-19　背景固定

来定义的。伪类可以看作是一种支持 CSS 的浏览器自动识别的特殊选择符，它可以定义超级链接在不同状态下的样式效果。

与类不同，伪类是 CSS 已经定义好的，不能像类选择符一样随意使用别的名字。伪类的语法是在原有的语法里加上一个伪类名，格式如下：

　　　选择器名:伪类名｛属性 :值;｝

例如：

　　　a:link｛color:#0000FF;｝

最常用的 4 种 a（锚）元素的伪类，表示超级链接的 4 种不同状态：link（未访问的链接）、visited（已访问的链接）、hover（鼠标指向链接）、active（活动链接）。例如：

　　　a:link｛color:#0000FF;｝　　　　/＊未被访问的链接,默认蓝色＊/
　　　a:visited｛color:#FF00FF;｝　　　/＊被访问过的链接,默认品红色＊/
　　　a:hover｛color:#FF0000;｝　　　/＊鼠标指向的链接,默认红色＊/
　　　a:active｛color:#00FF00;｝　　　/＊点中激活的链接,默认绿色＊/

注意：写 a（锚）的 CSS 时必须按以上顺序写，否则显示可能和预想的不一样。记住它们的顺序是"LVHA"。例如下面的代码，鼠标指向链接时的运行效果如图 3-20 所示。

图 3-20　鼠标指向链接时的运行效果

　　　< html >
　　　　< head > < title >CSS 链接样式 </title >
　　　　< style >
　　　　　　a:link｛color:#0000FF;｝
　　　　　　a:visited｛color:#FF00FF;｝
　　　　　　a:hover｛color:#FF0000;｝
　　　　　　a:active｛color:#00FF00;｝
　　　　</style >

```
< /head >
< body >
    < a href = "#" > CSS 链接样式 < /a >
< /body >
< /html >
```

3.2.6　CSS 定位

如果不设定位，由于 Div 默认是块级元素，每个 Div 将独占一行。如果设置 CSS 定位，就有浮动（float）定位和位置（position）定位两种。

1. 浮动（float）定位

浮动定位只能在水平方向，让后面的元素浮动在它的左边或者右边。例如：

- float：left ；//左浮动
- float：right ；//右浮动

如果几个 Div 都设左浮动，后面各个 Div 将一个一个接在前一个 Div 的后面，直到一行放不下时才移到下一行显示。图 3-21 为各种浮动情形下的显示效果。

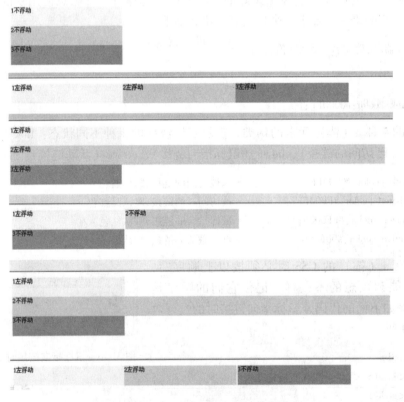

图 3-21　各种浮动情形下的显示效果

2. 清除浮动

为了清除前面浮动的影响，还可以用下面的 clear 属性清除浮动。

- clear：left；　　　　　//清除左浮动

- clear：right；   //清除右浮动
- clear：both；   //清除所有浮动，另起一行

例如下列代码，执行后显示效果如图 3-22 所示。

```
< div style = "float:left;width:180px;height:50px;background:#FFFF66" >
    第一列,左浮动 </div >
< div style = "float:right;width:180px;height:50px;background:#99FF00" >
    第二列,右浮动 </div >
< div style = "clear:both;width:200px;height:50px;background:#66CCFF" >
    第三列,清除浮动 </div >
```

如果不清除浮动，则在谷歌浏览器或 IE9 以后版本中第 3 个 Div 将显示在第 1 个 Div 的位置，如图 3-23 所示。

```
< div style = "float:left;width:180px;height:50px;background:#FFFF66" >第一列,左浮动 </div >
< div style = "float:right;width:180px;height:50px;background:#99FF00" >第二列,右浮动 </div >
< div style = "width:200px;height:50px;background:#66CCFF" >第三列,不清除浮动 </div >
```

图 3-22　清除浮动的效果　　　　图 3-23　不清除浮动的效果

3. 位置（position）定位

position 定位属性值有 3 个：static（无定位，默认）、relative（相对定位）、absolute（绝对定位）。

在复杂的网页样式里，定位时并不只用到相对定位或绝对定位，而是这两种定位的结合。

（1）无定位

position：static 是所有元素定位的默认值，一般不用注明，除非有需要取消继承别的定位。

（2）相对定位（相对于所在容器）

如果对一个元素进行相对定位 relative，就可以通过设置垂直或水平位置，让这个元素"相对于"某个起点进行位移。使用 position：relative，需要 top、bottom、left、right 共 4 个属性配合确定元素的位置。例如：

position：relative;top:30px;left:60px;

（3）绝对定位（相对于浏览器窗口）

绝对定位 absolute 用于将一个元素放到固定的位置，它不会受其他元素影响，也不会对其他元素造成影响，这是与相对定位的区别，相对位置会随其他元素的位置变化而变化，而绝对定位后的元素则不会发生任何变化。使用 position：absolute，同样需要 top、bottom、left、right 共 4 个属性来配合。例如：

position：absolute;top:30px;right:60px;

下列代码的执行结果如图 3-24 所示。

```
< div style = "width:500px;height:300px;background:#FF0000" >
< div style = "position:relative;top:30px;left:60px;width:180px;height:50px;background:#FFFF66"
> 这个是第一列,相对定位 < br/ > top:30px;left:60px </div >
< div style = "position:absolute;top:30px;right:60px;width:180px;height:50px;background:#99FF00"
> 这个是第二列,绝对定位 < br/ > top:30px;right:60px; </div >
< div style = "position:static;height:50;background:#66CCFF" > < br > < br > 这个是第三列,无定位
</div >
</div >
```

注：float 是相对定位的,会随着显示容器的大小和分辨率的变化而改变,而 position 就不会,所以在一般情况下大的框架方面使用 float 布局简单些,而在局部用 position 进行定位更精确。

4. z – index 空间位置

当一个网页有多个层上下叠加时,需要用到 z – index 属性,该属性数值越大,该层越在上层,上层可以盖住下层。例如下列代码,执行后显示效果如图 3-25 所示。

```
< div style = "width:50px;height:50px;position:absolute;background – color:red;z – index: – 1;left:
120px;top:20px;" > z – index: – 1 </div >
< div style = "width:50px;height:50px;position:absolute;z – index:2;background – color:green;
left:150px;top:50px;" > z – index:2 </div >
< div style = "width:50px;height:50px;position:absolute;z – index:3;background – color:blue;
left:190px;top:90px;" > z – index:3 </div >
```

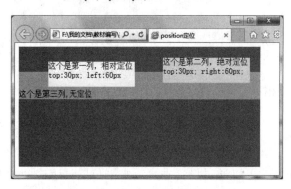 

图 3-24　绝对定位和相对定位的效果　　　图 3-25　多个 Div 叠加的效果

3.2.7　CSS 滤镜

CSS 滤镜是微软为增强浏览器功能而开发并整合在 IE 浏览器中的一类功能的集合,它并不是 CSS 标准,但由于 IE 浏览器使用较广,所以 CSS 滤镜被广泛使用。现在其他一些浏览器也推出了基于自身的某些滤镜,以增强显示效果。

使用 CSS 滤镜,可以使文字产生类似图片的效果,但占用空间却小得多,显示速度也较快,日后修改也方便。CSS 滤镜标识符是"filter",格式如下:

filter:滤镜属性(属性参数)

其中，滤镜属性包括 alpha、blur、chroma 等多种，属性参数则决定了滤镜的显示效果。

滤镜分基本滤镜和高级滤镜两种，基本滤镜可以直接作用在对象上，高级滤镜需要配合 JavaScript 等脚本语言，从而产生更多的变幻效果，主要包括 BlendTrans（渐隐变换）、RevealTrans（变换）、Light（灯光）等。

例如下面的代码对第 2 张图片使用了 alpha 滤镜，显示效果如图 3-26 所示。

```
< html >
< head > < title > alpha 滤镜 < /title >
< style >
. alpha
{
    filter:alpha( opacity = 50 ); / * IE 有效，且 IE9 + 中对下级元素也产生影响 * /
    opacity:0. 5; / * 谷歌、Firefox、Safari、Opera 下有效 * /
}
< /style >
< /head >
< body >
  < img src = " images/bj. jpg" >   < img src = " images/bj. jpg"  class = " alpha" >
< /body >
< /html >
```

图 3-26　使用 alpha 滤镜的效果

关于 CSS 滤镜其他属性的使用，可以参考表 3-3。值得注意的是，现在 CSS 3.0 的一些新增属性也能够实现滤镜显示的效果。

表 3-3　其他 CSS 滤镜

属性名称及含义	代码举例	效 果 图
alpha 设置透明度	filter：alpha（opacity = 50）；/ * IE 有效，且 IE9 + 中对下级元素也产生影响 * / opacity：0. 5；/ * 谷歌、Firefox、Safari、Opera 下有效 * /	
blur	创建高速移动效果，即模糊效果，例如： – webkit – filter：blur（3px）；	

属性名称及含义	代 码 举 例	效 果 图
chroma	使非图像对象的指定颜色透明（不可见）	
dropshadow	投影色#000，投影坐标右偏15像素，下偏10像素： ＜p style＝"font－family：bailey；font－size：56pt；font－weight：bold；color：#99CC66；position：absolute；top：20；width：300；filter：Dropshadow（color＝#000，offx＝15，offy＝10，positive＝1）；"＞Dropshadow ；＜/p＞	
fliph	创建水平镜像图片（水平翻转），例如： ＜img src＝"x. jpg"/＞ ＜img src＝"x. jpg" style＝"filter：fliph（）；"/＞	
flipv	创建垂直镜像图片（垂直翻转），例如： ＜img src＝"x. jpg"/＞ ＜img src＝"x. jpg" style＝"filter：flipv（）；"/＞	
glow 对象周围发光	glow（color＝发光色，strength＝发光强度），例如： 　　＜p style＝"font－size：54pt；color：#0000ff； 　　position：absolute；filter：glow（color＝ 　　#FF0000，strength＝15）；"＞发光＜/p＞ 　　＜p style＝"font－size：48pt；position：absolute；top：70；left：50；width：300；filter：glow（color＝#00ff00，strength＝10）；"＞glow＜/p＞	
grayscale 把图片灰度化	例如： 　　html｛filter：progid：DXImageTransform. Microsoft. BasicImage（grayscale＝1）；－webkit－filter：grayscale（100%）；｝	
invert 反色（底片）	Invert，例如： 　　＜img src＝"xxx. jpg" style＝"filter：invert（）；"/＞	
light	进行模拟光照	
mask	创建透明掩膜	
shadow 创建偏移固定影子	Shadow（阴影颜色，投影方向），例如： 　　＜p style＝"font－family：bailey；font－size：48pt；font－weight：bold；color：#FF9900；position：absolute；top：20；width：300；filter：shadow（color＝#cc66ff，direction＝225）；"＞shadow＜/p＞	
波纹 wave 作用：波纹滤镜可以在水平和竖直方向利用正弦波打乱图像，使图像产生水波效果	filter：wave（add＝add，freq＝freq，lightstrength＝strength，phase＝phase，strength＝strength） 　　参数：该滤镜的 add 参数是一个布尔数值，它是用于表示是否要把对象按照波形样式打乱；freq 参数是用于设置波纹频率的，也就是指定在对象上一共需要产生多少个完整的波纹；lightstrength 参数可以设置波纹光影的增强效果的，其数值范围在 0～100；phase 参数是用于设置正弦波的偏移量的，strength 是设置正弦波的振幅大小的。例如： 　　＜img style＝"filter：wave（add＝1，freq＝5， 　　lightstrength＝90，phase＝30，strength＝20）" 　　src＝"x. jpg"/＞	

属性名称及含义	代码举例	效 果 图
gradient 渐变（谷歌浏览器中：0 bottom 表示垂直渐变，right 0 表示水平渐变）	IE 浏览器： filter：progid：DXImageTransform. Microsoft. Gradient（start-ColorStr = " #00ff00" , endColorStr = " #FFFFFF" , gradient-Type = "0 垂直渐变|1 水平渐变"）； 谷歌浏览器： background：- webkit - gradient（linear,0 0,0 bottom,from（#00ff00）,to（rgba（255,255,255,0 透明|1 不透明）））；	

3.2.8 任务实施

1. 任务场景

对网站首页中的各种页面元素进行外观显示的样式控制。

2. 操作环境

Windows 7、Dreamweaver。

3. 操作步骤

1）对页面中加入的文本进行样式设置。

2）对页面中加入的图片进行样式设置。

3）对页面中加入的超级链接进行样式设置。

4）对页面中加入的 Div 进行定位布局。

5）使用滤镜设置页面效果，如彩色页面和黑白灰页面切换。

4. 课堂练习

编写 HTML 和 CSS 代码在页面中显示图 3-27 所示结构的 Div 布局。

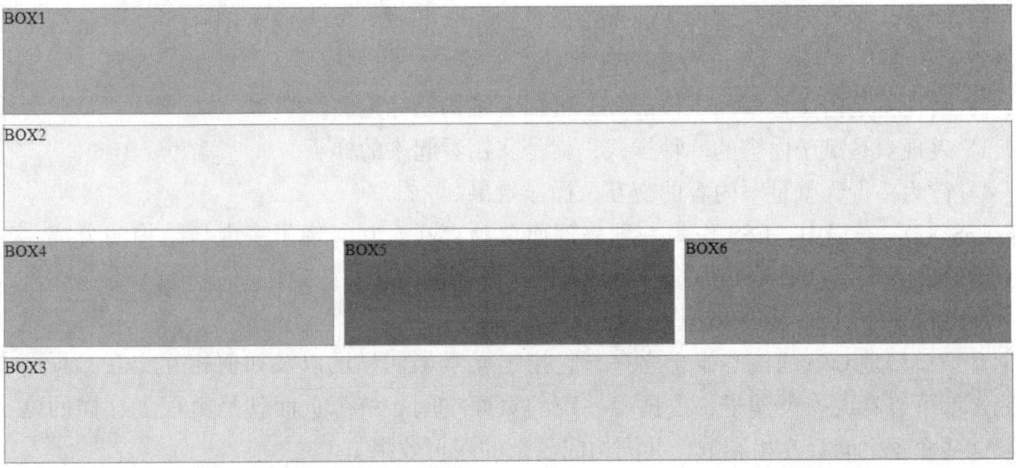

图 3-27　页面结构

任务 3.3　Div + CSS 网页布局与导航设计

3.3.1　任务分析

本任务主要在前面所学的 Div + CSS 基础知识上进一步深入理解 Div + CSS 的盒子模型，并利用样式表灵活地控制页面布局。

3.3.2　Div + CSS 网页布局

1. 结构（Div）与表现（CSS）的分离

所有 HTML 和 XHTML 页面都由"内容、结构、表现和行为"这几方面组成，即根据内容设计结构和表现，最后再对其加点"行为"控制。页面的信息构成如图 3-28 所示。

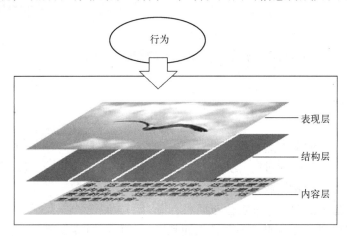

图 3-28　页面的信息构成

、图中各信息的解释如下。

1）内容：是页面实际要传达的真正信息，包含数据、文档或者图片等。注意这里强调的"真正信息"，是指纯粹的数据信息本身。

2）结构：是由文档中的主体部分，再加上结构化标记。

3）表现：是赋予内容的一种样式，就是文档看起来的样子。

4）行为：行为就是对内容的交互及操作效果。

CSS + Div 布局中，CSS 作为一种表现而单独存在，它实现了表现与结构的分离。对于网页的修改，可以只对 CSS 的修改而带来网页外观的变化。

2. 深入理解 CSS 盒子模型

盒子模型是 CSS 的核心概念之一，它指定元素如何显示以及如何相互交互。页面中所有元素都可以看成一个盒子，占据着一定的页面空间。一个页面就是由很多这样的盒子组成，这些盒子之间会互相影响，共同构成复杂的网页效果。

在 CSS 中，一个独立的 Div 盒子模型由 margin（外边距）、border（边框）、padding（内边距）、content（内容）4 个部分组成，如图 3-29 所示。

图中各信息的解释如下。

1）margin（外边距）：表示边框以外留的空白（相对于所在容器），用于页边距或与其他层的间距。

例如，magin：10px 10px 10px 10px 分别表示上右下左四个外边距值为 10px。如果 4 个外边距一样，可缩写成 magin：10px。如果上下一样，左右一样，可缩写成 magin：10px 5px，表示上下外边距为 10px，左右边距为 5px。marign 是透明元素，在 IE 中 body 默认 margin 是 20px。

2）border（边框）：Div 的边框，也有上右下左四个边框样式的值。

边框的线型如图 3-30 所示。

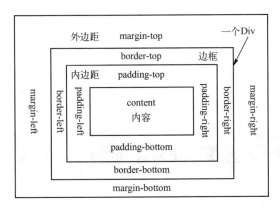

图 3-29　一个 Div 的盒子模型　　　　图 3-30　Div 的边框线型

例如，border：solid 为实线边框；border：dotted 为虚线边框；定义红色边框为 border - color：#FF0000；单独定义左边框 2 像素粗可以写成 border - left：2px。

3）padding（内边距）：表示 Div 的边框到其中内容之间的空白间距。

与 margin 一样，可以分别指定上、右、下、左边框到内容的距离，如果都一样，可以缩写成 padding：10px；单独定义左边可以写成 padding - left：10px；padding 也是透明元素，不能定义颜色。td 的 padding 默认值为 1，其他对象的 padding 默认值为 0。

例如下面的代码，执行后显示效果如图 3-31 所示。

```
< html > < head > < title >深入理解 CSS 盒子模型 </title >
< style >
. box1｛
    border：1px solid #666666；height：100px；
    background：#CCCC00；margin：30px；｝
. box2｛
    margin：20px 10px 20px - 30px；border：1px dotted #ff0000；
    padding：10px 10px 10px 50px；
    color：#ffffff；background - color：#000066｝
</style > </head >
< body >
< div class = "box1" >盒子 box1 </div >　< div class = "box2" >盒子 box2 </div >
```

</body> </html>

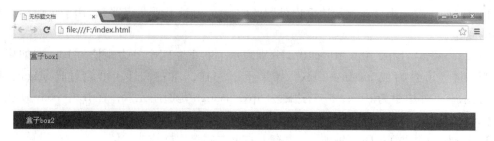

图 3-31 两个并列的 Div 盒子

如果将结构变一下，将 box2 放入 box1 中，代码修改如下：

< div class = "box1" >盒子 box1 < div class = "box2" >盒子 box2 </div > </div >

则显示效果如图 3-32 所示。

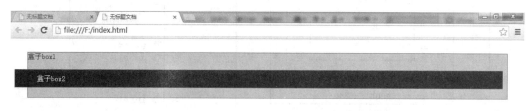

图 3-32 将 box2 放入 box1 中的效果

如果将 box1 放入 box2 中，代码修改如下：

< div class = "box2" >盒子 box2 < div class = "box1" >盒子 box1 </div > </div >

则显示效果如图 3-33 所示。

图 3-33 将 box1 放入 box2 中的效果

从这里可以看出，页面效果是由 HTML 结构、内容和样式共同决定的。

3. 布局的构思

制作网页前需要对网页整体的结构做一个版块的划分，版块划分的合理性很大程度上决定了网页布局的复杂程度。如图 3-34 所示。

（1）页面结构分析

整个页面分为以下几个部分：

- 顶部（#header）：包括 Logo 和一个背景图片。
- 导航栏（#menu）。

- 侧边栏（#sidebar）。
- 主体内容（#content）。
- 底部（#footer）：包括一些版权信息。

图3-34　页面布局结构分析

（2）画出页面的 Div 结构图

页面的 Div 结构如图 3-35 所示。

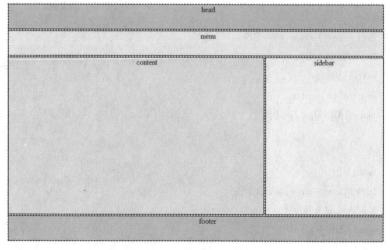

图3-35　页面的 Div 结构图

（3）Div 结构代码

```
< body >
< div id = " frame" >
    < div id = " head" > head </div >
    < div id = " menu" > menu </div >
    < div id = " content" > content </div >
    < div id = " sidebar" > sidebar </div >
    < div id = " footer" > footer </div >
</div >
</body >
```

（4）CSS 样式代码

```
< head >
< style type = " text/css" >
#frame{
        background - color:#FFCC99;
        border:0px;
        margin:0 auto;
        width:1000px;
        padding:0px
        }
#head{
        background - color:#33CCFF;
        border:1px solid;
        height:50px;
        text - align:center;
        margin:0px 0px 3px 0px
        }
#menu{
        background - color:#99FF99;
        border:1px solid;
        height:50px;
        text - align:center;
        margin:0px 0px 3px 0px
        }
#content{
        float:left;
        background - color:#FFCCFF;
        border:1px solid;
        height:500px;
        width:740px;
        text - align:center;
```

```
            margin:0px 3px 3px 0px
            }
    #sidebar{
            float:right;
            background - color:#99FFFF;
            border:1px solid;
            height:500px;
            width:253px;
            text - align:center;
            margin:0px 0px 3px 0px
            }
    #footer{
            float:left;
            background - color:#FF99FF;
            border:1px solid;
            height:50px; width:998px;
            text - align:center;
            margin:0px
            }
    </style >
    </head >
```

4. 块级元素与内联元素

（1）block 块状元素

该元素是矩形的，有自己的高度和宽度。在默认情况下，在父容器中占据一行，其他的元素将显示在其下一行，可以看作被块级元素"挤"下去的。

块状元素就是一个矩形容器，CSS 设置了高度和宽度后，其形状无法被改变。< div >、< p >、< hi >、< form >、< ul >、< li >、< table >等都是块级元素。

（2）in - line 内联元素

和块级元素相反，内联元素没有固定形状，也无法设置宽度和高度。内联元素形状由其内容决定，所以在宽度足够的情况下，一行能容纳多个内联元素。< span >、< a >、< label >、< input >、< img >、< strong >、< em >、< inline >等都是内联元素。

（3）块级元素和内联元素之间的转换

块级元素和内联元素可以相互转换，用 display:inline 可将块级元素转换为内联元素，用 display:block 可将内联元素转换为块级无形素，还可以使用 display:none 让元素不显示。

块级元素和内联元素的显示特点如图 3-36 所示。

5. 让设计居中

不管是 table 布局，还是 Div + CSS 布局，设计居中总是必需的。随着显示器尺寸越来越大，不居中的网页也被视为布局的错位。table 布局中经常使用 align = " center"，而 Div + CSS 中一般使用自动空白边的方法让设计居中。为此，只需定义 box 的宽度，然后将水平空白边设置为 auto，代码为 margin：0 auto。

例如下列代码，执行后的显示效果如图3-37所示。

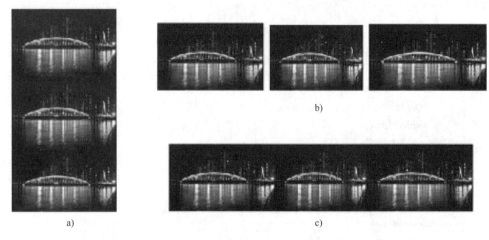

图3-36　块级元素和内联元素的显示特点

a）块级元素呈多行显示　b）内联元素呈一行显示　c）将块级元素转换为内联元素

```
< html > < head > < title > Div 水平居中 </ title >
< meta http – equiv = "Content – Type"  content = "text/html; charset = utf – 8" / >
< style >
#box{
    margin:0 auto;
    text – align:right;
    width:200px;
    background:#00ff00;
    }
</ style >
</ head >
< body >
< div id = "box" > abcde </ div >
</ body >
</ html >
```

图3-37　Div 的居中显示

6. float 浮动布局

在前面我们利用 float 属性实现了定位，实际上把它用到 < div > 标签上时，浮动就变成了一个强大的网页布局工具。基于浮动的布局利用了 float 属性来并排定位元素，只需设定一个宽度，将元素设为左浮动和右浮动就可以了。

CSS 允许任何元素浮动 float，不论是图像、段落，还是列表。无论先前元素是什么状态，浮动后都成为块级元素，浮动元素的宽度默认为 auto。

注意：

1）浮动元素的外边缘不会超过其父元素的内边缘。

2）浮动元素不会互相重叠。

3）浮动元素不会垂直浮动。

4）如果一个浮动元素在另一个浮动元素之后显示，而且会超出容纳块，则它下降到低于先前任何浮动元素的位置（即被顶到下一行）。

7. 两列的浮动布局

在一个容器 Div 中放置两个 Div，将它们分别设置左右浮动来实现两列的浮动布局。例如下列代码，执行后的显示效果如图 3-38 所示。

```
< html > < head >
< meta http - equiv = "Content - Type" content = "text/html; charset = utf - 8" / >
< style >
    #container ┆ margin:0px auto;
                padding:10px;    width:450px;
                height:260px;    border:1px solid #000000; ┆
    #box1 ┆ width:300px;    height:260px;
          border:1px solid #000000;    float:left; ┆
    #box2 ┆ width:140px;    height:260px;
          border:1px solid #000000;    float:right; ┆
</style >
</head >
< body >
    < div id = "container" >
        < div id = "box1" >这里是 box1 </div >
        < div id = "box2" >这里是 box2 </div >
    </div >
</body >
</html >
```

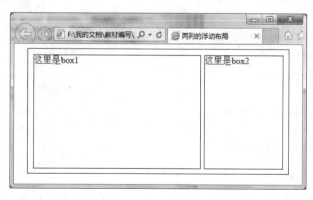

图 3-38　两列的左右浮动布局

上例将盒子 box1 和盒子 box2 分别放在了 container 容器中，Container 容器设置居中显示，box1 设置为左浮动，box2 设置为右浮动，从而形成了两列的浮动布局。如果超宽，box2 将到下行右列。

在基于浮动的布局时，将两列同时朝一个方向进行浮动（比如同时左浮动），然后通过设定内外边距在两列之间形成一个隔离带也是一种布局的方法。但在本例中，列在可用空间内包得很紧，没有喘息的空间，而在实际环境中各种浏览器标准不完全统一，很容易导致某些浏览器中这种严密的布局因为之间没有缝隙而出现错位，迫使一列到另一列的下一行。因此，为了防止发生这种情况，需要避免浮动布局在包含它们的元素中太挤，可以不使用内外边距来建立隔离带，而是将一个元素左浮动，另一元素右浮动。同时要注意左右浮动的对象宽度一定要略小于外围包含它们的容器的宽度。

以上介绍了两列浮动的布局，下面在 box1、box2 形成两列布局的同时，在最后新增一行 box3，结构代码如下：

```
< div id = " container " >
    < div id = " box1 " > box1 </div >
    < div id = " box2 " > box2 </div >
    < div id = " box3 " > box3 </div >
</div >
```

样式代码如下：

```
#container{ margin:0px auto;
            padding:10px;
            width:470px;
            height:190px;
            border:1px solid #000000;}
#box1{ width:300px;
       height:160px;
       border:1px solid #000000;
       float:left;}
#box2{ width:140px;
       height:160px;
       border:1px solid #000000;
       float:right;}
#box3{ margin - top:10px;
       width:100%;
       border:1px solid #000000;
       height:30px;
       background:#f9aaaa;}
```

显示效果如图 3-39 所示。

上面的代码在 IE 浏览器下显示是正常的，但在谷歌或火狐浏览器里则显示为图 3-40 的样子。

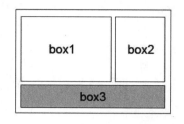

图 3-39　在 box1 与 box2 的后面再加一个 box3

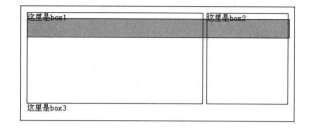

图 3-40　在谷歌或火狐浏览器里显示的样子

由于 box1 和 box2 设置了浮动，box3 将自动上升到容器顶端。解决这个问题只需给 box3 再加一个清除浮动样式就可以了。

```
#box3{ margin - top:10px;
        width:100%;
        border:1px solid #000000;
        height:30px;
        background:#f9aaaa;
        clear:both; }
```

8. 三列的浮动布局

三列的浮动布局和 2 列的浮动布局极为相似，可以将它们依次左浮动，当然也可以将三列其中的两列合为一组放在一个容器内，从而与第三列形成两个 Div 构成左右浮动的效果。如图 3-41 所示。

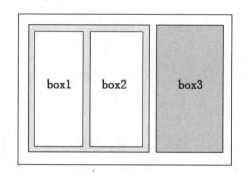

图 3-41　三列的浮动布局

由图 3-41 看到，我们将 box1 和 box2 先进行了合组，放在了左边黄色的容器内，黄色块共同与右边绿色块形成两列的浮动布局，而黄色块内的 box1、box2 也符合两列的浮动布局方式，此方法也可以衍生到四列或多列的布局方式中。

在对三列中的两列进行合组时，一般将主要内容合在一起，次要内容形成单独一列。实现图 3-41 效果的样式代码如下：

```
#container{ margin:0px auto;
        padding:10px;
        width:360px;
        height:180px;
```

```
          border:1px solid #000000;}
#yellow{ width:230px;
          height:150px;
          padding:10px;
          background:#e4ff00;
          border:1px solid #000000;
          float:left;}
#green{ width:100px;
          height:170px;
          background:#9ff850;
          border:1px solid #000000;
          float:right;}
#box1{ width:100px;
          height:150px;
          border:1px solid #000000;
          background:#ffffff;
          float:left;}
#box2{ width:100px;
          height:150px;
          border:1px solid #000000;
          background:#ffffff;
          float:right;}
```

结构代码如下：

```
< div id = " container" >
  < div id = " yellow" >
    < div id = " box1" > box1 </div >
    < div id = " box2" > box2 </div >
  </div >
  < div id = " green" > box3 </div >
</div >
```

9. 宽度自适应与垂直居中

在布局网页的过程中，经常遇到在不同分辨率下宽度自适应的问题。

1）左边固定右栏宽度自适应，如图 3-42 所示。

图 3-42　左边固定右栏宽度自适应

样式代码如下：

```
#left{
      width:250px; border:solid 2px #0000ff;
```

```
        background – color:#00CCFF;
        top:0px; left:0px;
        position:absolute;
        }
    #right{
        border:solid 2px #ff00ff;
        background – color:#00CCFF;
        margin:0px 0px 0px 254px;
        }
```

2）右边固定左栏宽度自适应，如图3-43所示。

图3-43　右边固定左栏宽度自适应

样式代码如下：

```
    #right{
        width:250px; border:solid 2px #0000ff;
        background – color:#00CCFF;
        top:0px; right:0px;
        position:absolute;
        }
    #left{
        border:solid 2px #ff00ff;
        background – color:#00CCFF;
    /* margin:0px auto; */
        margin:0px 254px 0px 0px;
        }
```

3）Div水平和垂直均居中于屏幕，样式代码如下，显示效果如图3-44所示。

图3-44　Div居中于屏幕

```
#abc{
    position:absolute;
    width:200px;
    height:100px;
    border:1px solid #ff0000;
    top:50%;
    left:50%;
    margin:-50px 0 0 -100px;   //这里50px是Div高度的一半,100px是Div宽度的一半
}
```

3.3.3　CSS 导航设计

CSS 导航菜单的设计主要是利用列表和超链接,再为它们设计相应的样式即可。CSS 网站导航的 HTML 代码如下:

```
<ul>
    <li>…</li>
    <li>…</li>
        …
</ul>
```

ul 是 CSS 中使用得很广泛的一种元素,主要用于描述列表型内容。每一个 <ul>…</ul> 标记的内容为一个列表块,块中的每一条列表数据用 <li>…</li> 标记来描述。

导航也是种列表,CSS 导航可以理解为导航列表,每一个列表数据就是导航中的一个导航频道。CSS 导航同样可以使用两层嵌套的 Div 来实现,但相对 ul 列表显得过于复杂,因此,在简单的文字导航中,使用 ul 就显得更为轻巧灵活。

例如,以下的 HTML 代码:

```
<ul>
    <li><a href="/index.asp">主页</a></li>
    <li><a href="/Sort/List_4.html">Div+CSS教程</a></li>
    <li><a href="/Sort/List_5.html">常用代码</a></li>
    <li><a href="/List_6.html">水晶图标</a></li>
    <li><a href="/Sort/List_7.html">幻灯图片</a></li>
    <li><a href="/Sort/List_10.html">软件下载</a></li>
    <li><a href="/css2/css.html">CSS2.0实用手册</a></li>
</ul>
```

当不加任何样式时,显示效果如图 3-45 所示。

下面为其赋予新的样式如下,实现图 3-46 所示的效果。

1)为 ul 定义一个 id。

2)指定 li 左浮动 float:left,使其导航频道由纵向改为横排显示。

3)使用 display:block 将 a 链接对象由内联元素改为块级元素,使超链接布满到整个 li。

4)赋予其内边距、外边距等属性,使间距合适,更加美观。

5）为增加鼠标指向的显示效果，给 a 链接加上伪类样式：hover。

图 3-45　不加样式的列表

图 3-46　CSS 导航菜单

图 3-46 效果的样式代码如下：

```
<style type = "text/css" >
  #nav {width:780px;}
  #nav ul {min - width:780px;}
  #nav li { float:left;
           list - style - type:none;　 /* 不显示圆点 */　}
  #nav li a { color:#ffffff;
             text - decoration:none;
  /* text - decoration:none;实现对文字上画线、下画线和删除线的设置,none 表示无 */
             padding - top:4px;
             width:90px;
             height:22px;
             text - align:center;
             background:#FF0000;
             margin - left:2px;
             font - size:12px;
             display:block;}
  #nav li a:hover { background - color:#000000; color:#ffffff; font - size:12px;}
</style>
```

导航菜单列表的 HTML 代码如下：

```
<body>
  <ul id = "nav" >
    <li > <a href = "/index. asp" >主页 </a > </li >
```

```
        < li > < a href = "/Sort/List_4. html" > Div + CSS 教程 </a > </li >
        < li > < a href = "/Sort/List_5. html" > 常用代码 </a > </li >
        < li > < a href = "/Sort/List_6. html" > 水晶图标 </a > </li >
        < li > < a href = "/Sort/List_7. html" > 幻灯图片 </a > </li >
        < li > < a href = "/Sort/List_10. html" > 软件下载 </a > </li >
        < li > < a href = "/css2/css. html" > CSS2. 0 实用手册 </a > </li >
    </ul >
</body >
```

3.3.4　CSS 的简写及其他控制效果

1. CSS 的简写

（1）font 字体样式简写

font 字体样式的传统写法如下：

```
. font_01 {
font – family:"宋体";
    font – size:12px;
    font – style:italic;
    line – height:20px;
    font – weight:bold;
    font – variant:normal;
}
```

以上代码可以简写为：

```
. font_01 {
    font:italic normal bold 12px/20px 宋体;
}
```

在使用 CSS 简写时，不需要的参数可以使用 normal 代替，也可以直接去掉整个参数，因为 CSS 中各个属性值的写法不同，所以去掉某个参数不会影响值的含义，但是在本例中字号和行高使用同一计量单位，在缩写时必须使用斜线来分隔两个数值。另外，字体颜色不能同字体样式一起缩写，如果要加入字体颜色，颜色样式应该如下书写：

```
. font_01 {
    font:italic normal bold 12px/20px 宋体; color:#000000;
}
```

（2）color 颜色样式简写

例如：#000000 可以简写为#000，#2233dd 可以简写为#23d。

（3）background 背景样式简写

例如，下面一段背景控制 CSS 代码：

```
#box {
    background – color:#FFFFFF;
```

```
    background – image:url( images/bg. gif) ;
    background – repeat:no – repeat;
    background – attachment:fixed;
    background – position:20%  30px;
}
```

可以简写成：

```
#box{
    background:#FFFFFF url( images/bg. gif) no – repeat fixed 20%  30px;
}
```

（4）margin 和 padding 外内边距样式简写

margin 和 padding 都有上、下、左、右四边的属性值，应该按上、右、下、左的顺序书写，例如 #box ｛margin：10px 7px 5px 2px｝。

如果左右边距相同，上下边距不同，可以用三个参数简写，例如#box ｛margin：10px 7px 5px｝表示上、下边距分别为 10px 和 5px，左、右边距均为 7px。

如果上下边距相同，左右边距相同，可以用两个参数简写，例如#box ｛margin：10px 7px｝表示上、下边距均为 10px，左、右边距均为 7px。

如果四边边距都相同，则只要写一个参数即可，例如#box ｛margin：10px｝表示四个方向的边距均为 10px。

（5）border 边框样式简写

border 可以按"粗细、线型、颜色"的顺序简写，也有四个方向的参数值。

例如：

```
#menu{
    border:2px solid red;  ／*四条边都一样*／
}
```

或：

```
#menu{
    border – top:2px solid blue;
    border – left:1px dashed red;
    ／*其他两条边框未设,默认不显示*／
}
```

（6）列表样式简写

例如，设置 li 对象的类型为圆点、出现在对象外、项目符号图像为无，CSS 样式如下：

```
li{
    list – style – position:outside;
    list – style – image:none;
    list – style – type:disc;
}
```

可以简写为：

```
li{
    list – style:disc outside none;
}
```

总之，CSS 代码提供的简写形式相当丰富，灵活运用能消除大量多余的代码，节省大量字节数及开发维护时间。

2. CSS 的其他控制效果

1）取消表单控件被选择时周围的虚框。

样式设置如下：

```
outline:none;
```

2）匹配 ul 后面的第一个 p，例如将 ul 后面第一个 p 段落内的文字颜色设置为红色，代码如下：

```
ul + p {
    color:#ff0000;
}
```

3）匹配所有带有 title 属性的链接元素，将此类元素的链接设置为红色，代码如下：

```
a[title] {
    color:#ff0000;
}
```

4）改变鼠标指针的形状。有时用户并不需要为文字、图片等对象加链接，而只是想要在指向对象时改变鼠标的样式，这时可以利用 CSS 样式设置鼠标指针的形状。

样式设置:cursor:形状属性;

鼠标指针的形状及其样式属性设置如表 3-4 所示。

表 3-4　鼠标指针的形状及其样式属性设置（不影响超链接的指针形状）

鼠 标 形 状	样 式 属 性
默认	default
	alias
文本	text
自动（根据所指对象的类型决定）	auto
手形	pointer
可移动对象	move

鼠标形状	样式属性
⊘ 不允许	not – allowed
⊘ 无法释放（IE 中为 ⏻⊘）	no – drop
◯ 等待	wait
◈ 帮助	help
✛ 十字准星	crosshair
↕ 上下改变大小	n – resize
⟷ 左右改变大小	w – resize
↖ 向左上改变大小	nw – resize
↙ 向左下改变大小	sw – resize
▨ 复制	copy
✛ 单元格	cell
◈ 进行	progress
⊢ 垂直文本	vertical – text
自定义图片光标（CUR 图片格式）	url（'图片文件名'），pointer

5）匹配所有 href 属性为 http://sina. com. cn 的链接，并将该链接设置为红色，代码如下：

```
a[ href = " http://sina. com. cn" ] {
    color:#ff0000;
}
```

如果希望匹配所有 href 属性中包含 sina. com. cn 的链接，可以写成 a[href * = " sina. com. cn "]。同理，该选择器还可以通过 a[href^ = " http"] 的方式匹配所有 href 属性中以 http 开头的链接。

6）下面代码定义了鼠标划过 Div 时，将其背景设置为红色。

```
div:hover {
    background:#ff0000;
}
```

7）下面代码用于定义 li 等序列元素中第几个元素的样式，例如下列代码设定第二个 li 元素的字体为红色：

```
li:nth – child(2) {
```

```
        color:#ff0000;
    }
```

该伪类还可以使用 li：nth – last – child（2）设定倒数第二个 li 元素的样式效果。

8）下面代码将只会匹配 Div 中第一个 p 段落的样式效果。如果在同一个 Div 中有多个 p，该伪类只会在其中第一个 p 段落产生文字为红色的效果：

```
    div p:only – child {
        color:#ff0000;
    }
```

9）文本首行缩进。

样式设置如下：

```
    text – indent:10px；
```

3.3.5　任务实施

1. 任务场景

某企业的网页设计图已放在素材包内，现在我们需要用 Div + CSS 布局方式对该网页进行布局。

2. 操作环境

Windows 7、Dreamweaver。

3. 操作步骤

1）分析网页，将网页分区分块。

① 分析馨香园茶产品有限公司网站首页，该首页最佳浏览分辨率为 $1024 \times 768\,px$，是一个典型的上中下结构图。

② 可以将网页分为五部分：header（页眉部分）、banner（动画部分）、content（内容部分）、sidebar（侧栏部分）、footer（页脚部分）。

③ 根据分析的结果，对效果图进行切图并将切片导出。

注意：分析网页是 Div + CSS 布局中非常重要的一步，分区的合理性很大程度上决定了网站布局的复杂程度。

2）定义各主要分区样式并进行布局。

① 给出一个通用选择器，属性为 margin：0px 和 padding：0px。

② 定义 body 标签的背景色，再定义 body 内所有元素的文本对齐方式 text – align = "center"。

③ 给出一个 id 选择器，命名为#container，所有的元素都放在这个容器内。

④ 给出一个 id 选择器，命名为#header，定义其宽度为 1003px 且居中显示。

⑤ 给出一个 id 选择器，命名为#flash，定义其宽度 1003px 且居中显示。

⑥ 给出一个 id 选择器，命名为#main，main 在这里也充当一个容器，需要嵌套 content 部分和 sidebar 部分元素，定义 main 宽度为 1003px。

⑦ 定义 content 部分宽度并右浮动。

⑧ 定义 sidebar 部分宽度并居左显示。

⑨ 给出 footer 部分宽度 1003px。

⑩ 用 Dreamweaver 新建一个网页，命名为 index. html。

⑪ 在网页中，将各 Div 进行嵌套，形成主要结构布局。

3）在各主要分区内填充各个版块样式，让网页完整。

① 给出一个 id 选择器，命名为#logo，设定宽度值并加入 Logo 图片样式，设为左浮动。

② 给出一个 id 选择器，命名为#nav，设定其链接样式并加入导航背景图片，设定宽度值，设为右浮动。

③ 将 Logo 和 nav 样式嵌套在 header 中，设定浮动，让它们在一行显示。

④ 加入动画样式，并将动画引入到 Flash 中。

⑤ 填充 sidebar 部分样式并引入到相应 Div 中。

⑥ 填充 content 部分样式并引入到相应 Div 中。注意此时"新闻中心"与"联系我们"也是符合两列布局方法的，注意清除浮动的使用。对于其中的内容部分，可以直接用行内样式 style ="…"来定义。

⑦ 加入底部样式，并引入到网页中。

4. 课堂实践

1）在页面中定义图 3-47 所示的 Div 布局。

图 3-47 Div 布局（1）

2）修改图 3-35 对应的代码，在页面中显示图 3-48 所示的 Div 布局。

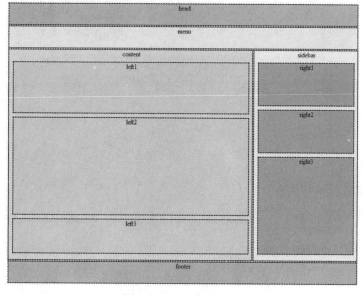

图 3-48 Div 布局（2）

任务 3.4　CSS 3.0 新增属性及其应用

3.4.1　任务分析

本任务在页面中使用一些 CSS 3.0 的新增属性，使得用户网站显示效果更加酷炫，控制更加方便。

3.4.2　CSS 3.0 的新增属性

CSS 3.0 的新增属性目前已被 IE9 + 及其他极速内核浏览器支持。早期出于兼容性的考虑，针对不同浏览器还要在属性前加上特定前缀，例如在谷歌浏览器使用时在属性代码前加 - webkit - ，在火狐浏览器使用时在属性代码前加 - moz - 等。常用的 CSS 3.0 的新增属性如下。

1. box – shadow（Div 阴影效果）

格式：box – shadow：阴影水平偏移　阴影垂直偏移　阴影模糊值　阴影颜色

注：阴影偏移值可正可负。box – shadow 属性的兼容性如表 3-5 所示。

表 3-5　box – shadow 属性的兼容性

浏览器	Internet Explorer	Firefox	Chrome	Opera	Safari
支持版本	IE 9 +	ff 3.5 +	Chrome 2.0 +		Safari 4.0 +

例如下面的代码，执行后显示效果如图 3-49 所示。

图 3-49　Div 阴影效果

```
< head >
< style type = "text/css" >
#box{
    width:95% ;
    padding:10px;
    background – color:#FF9900;
    color:#FFF;
    text – align:center;
    box – shadow:3px 3px 6px #666;
}
</style >
```

</head >

< body > < div id = " box" > Div 的阴影效果 </div > </body >

2. border – radius （圆角 Div）

该属性用于实现圆角边框效果，主要参数是圆角半径值（单位为 px，不能为负，为 0 时表示直角）。兼容性如表 3-6 所示。

格式 1：border – radius：10px；/ ＊四个角都是半径为 10px 的圆角 ＊/

格式 2：border – radius：20px 5px；/ ＊左上角和右下角的半径为 20px；右上角和左下角的半径为 5px ＊/

格式 3：border – top – left – radius：10px；/ ＊左上角是半径为 10px 的圆角 ＊/

格式 4：border – bottom – right – radius：10px；/ ＊右下角是半径为 10px 的圆角 ＊/

表 3-6　border – radius 属性的兼容性

浏 览 器	Internet Explorer	Firefox	Chrome	Opera	Safari
支持版本	IE 9 +	ff 3. 0 +	Chrome 1. 0 +		Safari 3. 1 +

border – radius 属性值与显示效果如图 3-50 所示，图中第 4 种 Div 效果 IE 不支持，而在谷歌浏览器下解析成圆角的水平半径为 20px，垂直半径为 5px。

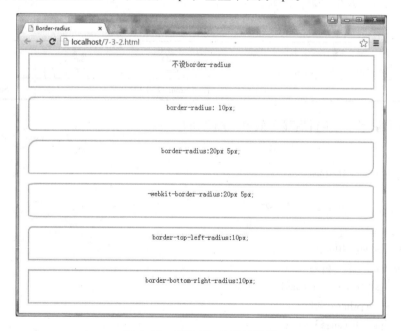

图 3-50　圆角 Div 的显示效果

3. border – color （边框颜色）

该属性用于设置对象边框的颜色，在 CSS 3.0 中增强了该属性的功能。如果设置了 border 的宽度为 Xpx，则可以在这个 border 上使用 X 种颜色（由外向内），每种颜色显示 1px 的宽度。如果所设置的 border 的宽度为 10 像素，但只声明了 5 种或 6 种颜色，则最后一种颜色将被添加到剩下的宽度。目前仅火狐浏览器支持边框多重颜色的效果，如图 3-51 所示。

渐变边框颜色效果（由外向内）
border:8px solid;
-moz-border-right-colors: #555 #666 #777 #888 #999 #aaa #bbb #ccc;

图 3-51　边框多重颜色效果

4. border – image（图像边框）

该属性用于设置图像作为对象的边框。注意，如果 < table > 标签设置了 border – collapse：collapse，则 border – image 属性将失效。

格式：border – image：url（图片文件）　边框宽度　上下填充方式　水平填充方式

说明：

（1）边框宽度

例如，0 12 0 12 分别是上、右、下、左边框的宽度。

（2）上下、水平填充方式

- stretch：用拉伸方式来填充边框背景图。
- repeat：用重复方式来填充边框背景图，当图片碰到边界时，如果超过则被截断。
- round：用平铺方式来填充边框背景图，图片会根据边框的尺寸动态调整图片的大小直至正好可以铺满整个边框。

border – image 属性的兼容性如表 3-7 所示。

表 3-7　border – image 属性的兼容性

浏览器	Internet Explorer	Firefox	Chrome	Opera	Safari
支持版本		ff 3.5 +	Chrome 1.0 +		Safari 3.1 +

例如下面的代码，执行后显示效果如图 3-52 所示。

```
< head >
< style type = "text/css" >
#box {
        display:block;
        height:53px;
        padding:10px;
        font – size:16px;
        text – decoration:inherit;    / * 继承 * /
        color:white;
        line – height:53px;
        text – align:center;
        border – width:0 70px;
        border – image:url( images/7301. jpg) 0 70 0 70 stretch stretch;
        – webkit – border – image:url( images/7301. jpg) 0 70 0 70 stretch stretch;
        }
</style >
</head >
```

< body > < div id = " box" >图像边框效果 </div > </body >

图 3-52　图像边框效果

5．background – origin（背景起点）

该属性用来决定 background – position（背景位置定位）计算的开始参考位置。

格式：background – origin：背景起点

"背景起点"参数说明如下。

1）border：背景位置从 border 区域开始。

例如下面的代码，执行后显示效果如图 3-53 所示。

图 3-53　背景位置从 border 区域开始

< head >

< style type = " text/css" >

#box {

    width：821px；

    height：423px；

    border：20px dashed #000；/∗虚线边框∗/

    padding：20px；

    text – align：center；

    font – weight：bold；

```
        color:#000;
        background:#ccc url(images/601. jpg) no - repeat;
         - webkit - background - origin:border;
         }
    </style >
    </head >
    < body > < div id = "box" > 背景位置从 border 区域开始 </div > </body >
```

2）padding：背景位置从 padding 区域开始。

例如下面的代码，执行后显示效果如图 3-54 所示。

```
    < head >
    < style type = "text/css" >
    #box {
        width:821px;
        height:423px;
        border:20px dashed #000;
        padding:20px;
        text - align:center;
        font - weight:bold;
        color:#000;
        background:#ccc url(images/601. jpg) no - repeat;
         - moz - background - origin:padding;
         - webkit - background - origin:padding;
         }
    </style >
    </head >
    < body > < div id = "box" > 背景位置从 padding 区域开始 </div >
```

图 3-54　背景位置从 padding 区域开始

3）content：背景位置从 content 开始。

例如下面的代码，执行后显示效果如图 3-55 所示。

```
<head>
<style type="text/css">
#box {
    width:821px;
    height:423px;
    border:20px dashed #000;
    padding:20px;
    text - align:center;
    font - weight:bold;
    color:#000;
    background:#ccc url(images/601. jpg) no - repeat;
    - moz - background - origin:content;
    - webkit - background - origin:content;
    }
</style>
</head>
<body><div id="box">背景位置从 content 区域开始</div>
```

图 3-55　背景位置从 content 区域开始

6. background - clip（背景裁剪）

该属性用于确定背景图像的裁剪区域。

格式：background - clip：参数

参数说明如下。

● border - box 或 no - clip：从 border 区域向外裁剪背景图像。

- padding – box：从 padding 区域向外裁剪背景图像（即只显示 padding 范围内的背景图像）。
- content – box：从 content 区域向外裁剪背景图像。

background – clip 属性的兼容性如表 3-8 所示。

表 3-8　background – clip 属性的兼容性

浏览器	Internet Explorer	Firefox	Chrome	Opera	Safari
支持版本		ff 3.0 +	Chrome 2.0 +	Oper 9.64 +	Safari 4.0 +

下面的代码从 border 开始裁剪背景，执行后显示效果如图 3-56 所示。

```
< head >
< style type = "text/css" >
#box {
    border:20px dottedrgb(0,0,255);
    padding:20px;
    background:rgb(204,204,204) url(images/601.jpg) no – repeat scroll 0% 0%;
    width:821px;
    height:423px;
    text – align:center;
    font – weight:bold;
    color:rgb(0,0,0);
     – webkit – background – origin:border;
     – webkit – background – clip:border;
    }
</style >
</head >
< body > < div id = "box" > 背景从 border 处开始裁剪 </div > </body >
```

图 3-56　背景从 border 处开始裁剪

136

下面的代码从 padding 开始裁剪背景，执行后显示效果如图 3-57 所示。

```
< head >
< meta http – equiv = " Content – Type" content = " text/html; charset = utf – 8" / >
< title > </title >
< style type = " text/css" >
#box {
     border:20px dottedrgb(0,0,255);
     padding:20px;
     background:rgb(204,204,204) url(images/601. jpg) no – repeat scroll 0% 0%;
     width:821px;
     height:423px;
     text – align:center;
     font – weight:bold;
     color:rgb(0,0,0);
      – webkit – background – origin:border;
      – webkit – background – clip:padding;
     }
</style >
</head >
< body > < div id = " box" > 背景从 padding 处开始裁剪 </div > </body >
```

图 3-57   背景从 padding 处开始裁剪

下面的代码从 content 开始裁剪背景，执行后显示效果如图 3-58 所示。

```
< head >
< style type = " text/css" >
#box {
     border:20px dotted rgb(0,0,255);
```

```
        padding:20px;
        background:rgb(204,204,204) url(images/601.jpg) no - repeat scroll 0% 0%;
        width:821px;
        height:423px;
        text - align:center;
        font - weight:bold;
        color:rgb(0,0,0);
            - webkit - background - origin:padding;
            - webkit - background - clip:content;
    }
</style >
</head >
< body > < div id = "box" >背景从 content 处开始裁剪 </div > </body >
```

图 3-58　背景从 content 处开始裁剪

7. background – size（背景图像大小）

该属性用于设置背景图像的大小，可以以像素或百分比指定图像大小。当指定为百分比时，大小会由所在区域的宽度、高度以及 background – origin 的位置决定。

在 CSS 3.0 中，背景图的大小在样式中是不可控的，比如要想使得背景图填充满某个区域，要么重新做张大点的图，要么就只能让它以平铺的方式来填充。现在 background – size 既可以直接缩放背景图来填充满这个区域，也可以先给背景图设置大小，然后以设置好的尺寸去平铺满这个区域。

格式 1：background – size：宽度　高度

如果只给 background – size 设置一个值，则第二个值默认为 auto（在容器范围内高度按宽度的比例缩放）。

例如下面的代码，执行后显示效果如图 3-59 所示。

```
        < head >
```

```
<style type="text/css">
#box {
    border:1px solid #CCCCCC;
    width:500px; height:500px;
    background-image:url(images/302.jpg); /*背景图片的原始尺寸为 160×232px*/
    background-repeat:no-repeat;
    background-size:900px; /*按 900px 宽设置背景*/
}
</style>
</head>
<body><div id="box"><img src="images/302.jpg" width="160" height="232" /></div></body>
```

图 3-59　插入的原始图片与设置为背景的效果

background-size 属性的兼容性如表 3-9 所示。

表 3-9　background-size 属性的兼容性

浏览器	Internet Explorer	Firefox	Chrome	Opera	Safari
支持版本	IE 9 +	ff 4.1 +	Chrome 1.0 +	Opera 9.63 +	Safari 3.1 +

格式 2：background-size：cover | contain
参数说明如下。

● cover：将图片缩放到正好完全覆盖定义背景的区域。例如：

```
div {
    background-image:url(test.png);
    background-repeat:no-repeat;
    background-size:cover; /*背景图片覆盖整个 Div 区域*/
}
```

- contain：保持图像本身的宽高比例不变，将图片缩放到宽度或高度正好适应定义背景的区域。例如：

```
div{
    background – image:url( test. png);
    background – repeat:no – repeat;
    background – size:contain; /∗背景图将缩放到宽度或高度的任意一个与 Div 区域适应 ∗/
}
```

8. multiple backgrounds（多重背景图像）

CSS 3.0 允许为容器设置多层背景图像，多个背景图像的 URL 之间用逗号隔开。如果有多个背景图像，而某属性只设置了一个参数值，则所有背景图像都应用这个属性参数值。例如：

```
background – image:url( bg1. jpg),url( bg2. jpg),url( bg3. jpg);
background – position:left top, – 320px bottom, – 640px top;
background – repeat:no – repeat,no – repeat,repeat – y;
```

上面格式也可以简写成以下形式：

```
background:url( bg1. jpg) left top no – repeat,url( bg2. jpg)  – 320px bottom no – repeat,url( bg3. jpg)
 – 640px top repeat – y;
```

例如下面的代码，执行后显示效果如图 3–60 所示。

图 3–60　多重背景效果

```
< head >
< style type = "text/css" >
#box {
    border:1px solid #000;
    width:900px;
    height:500px;
```

140

background – image:url(images/301. jpg),url(images/302. jpg),url(images/303. jpg);

background – repeat:no – repeat;

background – position:left top,30% 30% ,80% 60% ;

background – size:200px;

　　　　}

</style >

</head >

< body > < div id = "box" > </div > </body >

多重背景图像的兼容性如表3–10所示。

表3–10　多重背景图像的兼容性

浏览器	Internet Explorer	Firefox	Chrome	Opera	Safari
支持版本	IE 9 +	ff 4. 1 +	Chrome 1. 0 +		Safari 3. 1 +

9. transition 属性（对象属性过渡变化效果）

使用 CSS 3.0 中的 transition 属性可以实现对象过渡变化的效果。

格式：transition：过渡属性　过渡时间长短　过渡的速率　过渡执行的延迟

上述格式实际上是一种简写格式，也可以单独设置 transition – property（过渡属性）、transition – duration（过渡时间长短）、transition – timing – function（过渡的速率）、transition – delay（过渡执行的延迟）四个方面的属性。

（1）过渡属性参数

● none：transition 停止执行。

● all：默认，元素产生任何属性值变化时都将执行 transition 效果。

● 某属性名称：对某属性执行 transition 变化效果。

（2）过渡时间长短

单位可以是 s（秒）或 ms（毫秒），表示整个过渡过程从头到尾将经历指定的时间完成。默认为 0，即整个变换过程将瞬间完成。

（3）过渡的速率

● ease：逐渐变慢（默认）。

● linear：匀速。

● ease – in：加速。

● ease – out：减速。

● ease – in – out：加速然后减速。

● cubic – bezier：该值允许自定义一个时间曲线。

（4）过渡延迟

过渡延迟用于指定一个动画开始执行的时间，也就是说当改变元素属性值后多长时间开始执行 transition 效果，默认为 0，也就是变换立即执行，没有延迟。

transition 属性的兼容性如表3–11所示。

表 3-11　transition 属性的兼容性

浏 览 器	Internet Explorer	Firefox	Chrome	Opera	Safari
支持版本	IE 9 +	ff 4. 1 +	Chrome 2. 0 +		Safari 3. 1 +

例如下面的代码，执行后显示效果如图 3-61 所示。

```
<! DOCTYPE html PUBLIC " -//W3C//DTD XHTML 1. 0 Transitional//EN" "http://www. w3. org/
TR/xhtml1/DTD/xhtml1 - transitional. dtd" >
<htmlxmlns = "http://www. w3. org/1999/xhtml" >
<head >
<meta http - equiv = "Content - Type" content = "text/html; charset = utf - 8" / >
<title >圆角边框与背景颜色过渡的效果 </title >
<style type = "text/css" >
body {
        width:750px;
        font - family:宋体;
        font - size:14px;
        font - weight:bold;
        margin:0px;
}
#box {
        margin:20px auto 0px 20px;
        border:5px solid #CCCCCC;
        padding:10px;
        - webkit - border - radius:10px;
        - webkit - transition - property:color,background - color,padding - left;
        //鼠标指向对象时 color、background - color、padding - left 三个属性发生过渡变化效果
        - webkit - transition - duration:500 ms,500 ms,500 ms;
        //color、background - color、padding - left 三个属性过渡变化的时间都是 500 ms
        border - radius:10px; //IE 使用
        transition - property:color,background - color,padding - left; //IE 使用
        transition - duration:500ms,500ms,500ms; //IE 使用
}
#box:hover {
        background - color:#EFEFEF;
        color:#FF0000;
        padding - left:50px;
}
</style >
</head >
<body >
<div id = "box" >将鼠标移至该元素上,将看到文字和背景的变换效果! </div >
```

```
</body >
</html >
```

将鼠标移至该元素上，将看到文字和背景的变换效果！

图 3-61　圆角边框与背景过渡的效果

10. transform 属性（图像变换）

该属性可以产生图像缩放和旋转的效果。

格式：transform：scale（水平缩放比例，垂直缩放比例）| rotate（旋转角度）

注：1）如省略垂直缩放比例，则垂直方向按水平缩放同样比例缩放。

2）旋转角度为正时表示顺时针旋转，为负时表示逆时针旋转。

transform 属性的兼容性如表 3-12 所示。

表 3-12　transform 属性的兼容性

浏 览 器	Internet Explorer	Firefox	Chrome	Opera	Safari
支持版本	IE 9 +	ff 3.5 +	Chrome 1.0 +	Opera 10.5 +	Safari 3.1 +

例如下面的代码，运行效果如图 3-62 所示。

```
< head >
< title > 使用 CSS 3.0 实现动态堆叠卡效果 </title >
< style type = "text/css" >
* {
        margin:0px;
        padding:0px;
        border:0px;
}
body {
        background:#202020;
        font – family:宋体;
        font – size:12px;
        color:#202020;
        line – height:28px;
}
#box {
        width:760px;
        margin:0px auto;
        padding – top:50px;
}
#title {
        width:388px;
        height:89px;
```

```
            margin:0px auto;
    }
    #card {
            margin - top:50px;
            text - align:center;
    }
    #card li {
            display:block;
            position:relative;
            list - style - type:none;
            width:130px;
            height:450px;
            background - image:url(images/card_bg. jpg);
            border:1px solid #666666;
            padding:25px 10px;
            margin - bottom:30px;
            float:left;
            border - radius:10px;
            box - shadow:2px 2px 10px #000;
            transition:all 0. 5s ease - in - out;
            - webkit - border - radius:10px;/* 四个角都是半径为 10 的圆角 */
            - webkit - box - shadow:2px 2px 10px #000;/* 阴影:水平偏移 垂直偏移 模糊 颜色 */
            - webkit - transition:all 0. 5s ease - in - out;/* 变化过渡。 */
    }
    #card h3 {
            font - family:黑体;
            font - size:24px;
    }
    #cardimg {
            margin - top:7px;
            background - color:#EEEEEE;
            border - radius:5px;
            shadow:0px 0px 5px #aaa;
            - moz - border - radius:5px;
            - webkit - border - radius:5px;
            - moz - box - shadow:0px 0px 5px #aaa;
            - webkit - box - shadow:0px 0px 5px #aaa;
    }
    #card p {
            margin - top:30px;
            text - align:left;
    }
    #card - 1 {
```

```css
        z - index:1;

        left:150px;

        top:40px;

        transform:rotate( -20deg);

         - webkit - transform:rotate( -20deg);/* 逆时针旋转 20 度 */

         - moz - transform:rotate( -20deg);

    }

#card - 2 {

        z - index:2;

        left:70px;

        top:10px;

        transform:rotate( -10deg);

         - webkit - transform:rotate( -10deg);

         - moz - transform:rotate( -10deg);

    }

#card - 3 {

        z - index:3;

        background - color:#69732B;

    }

#card - 4 {

        z - index:2;

        right:70px;

        top:10px;

        transform:rotate(10deg);

         - webkit - transform:rotate(10deg);/* 顺时针旋转 10 度 */

         - moz - transform:rotate(10deg);

    }

#card - 5 {

        z - index:1;

        right:150px;

        top:40px;

        transform:rotate(20deg);

         - webkit - transform:rotate(20deg);

         - moz - transform:rotate(20deg);

    }

#card - 1:hover {

        z - index:4;

        transform:scale(1.1) rotate( -18deg);

         - moz - transform:scale(1.1) rotate( -18deg);/* 水平和垂直方向均放大到原来的 1.1 倍,逆
时针旋转 18 度 */

         - webkit - transform:scale(1.1) rotate( -18deg);

    }

#card - 2:hover {
```

```css
            z-index:4;
            transform:scale(1.1) rotate(-8deg);
            -moz-transform:scale(1.1) rotate(-8deg);
            -webkit-transform:scale(1.1) rotate(-8deg);
        }
        #card-3:hover{
            z-index:4;
            transform:scale(1.1) rotate(2deg);
            -moz-transform:scale(1.1) rotate(2deg);
            -webkit-transform:scale(1.1) rotate(2deg);
        }
        #card-4:hover{
            z-index:4;
            transform:scale(1.1) rotate(12deg);
            -moz-transform:scale(1.1) rotate(12deg);
            -webkit-transform:scale(1.1) rotate(12deg);
        }
        #card-5:hover{
            z-index:4;
            transform:scale(1.1) rotate(22deg);
            -moz-transform:scale(1.1) rotate(22deg);
            -webkit-transform:scale(1.1) rotate(22deg);
        }
    </style>
</head>
<body>
<div id="box">
    <div id="title"><img src="images/94501.png" width="388" height="89"/></div>
    <div id="card">
    <ul>
        <li id="card-1"><h3>卡片1</h3><img src="images/t9tuqui_trans.png" width="130" height="130"/>
            <p>姓名:大嘴鸟<br/>年龄:5岁<br/>身高:50cm<br/>体重:600g<br/>食物:水果<br/>大嘴鸟生活在南部和中部地区,并且喜爱到处飞</p></li>
        <li id="card-2"><h3>卡片2</h3><img src="images/t9foxy_trans.png" width="130" height="130"/>
            <p>姓名:狐狸<br/>年龄:3岁<br/>身高:70cm<br/>体重:5.5kg<br/>食物:肉类<br/>狐狸生活在北半球,喜爱寻求刺激和隐藏</p></li>
        <li id="card-3"><h3>卡片3</h3><img src="images/t9dog2_trans.png" width="130" height="130"/>
            <p>姓名:狗<br/>年龄:8岁<br/>身高:120cm<br/>体重:10kg<br/>食物:骨头<br/>狗喜欢生活在狗屋里,爱好咀嚼运动鞋、树皮和去散步</p></li>
```

146

```
        <li id = "card － 4" >< h3 > 卡片 4 </h3 >< img src = " images/t9penguino_trans. png" width =
"130" height = "130" />
```
　　< p > 姓名:企鹅 < br />年龄:20 岁 < br /> 身高:110cm < br /> 体重:35kg < br /> 食物:鱼
< br /> 企鹅生活寒冷和冰冷的地方,喜欢游泳和潜水 </ p >< /li >

```
        <li id = "card － 5" >< h3 > 卡片 5 </h3 >< img src = " images/t9lion_trans. png" width = "130"
height = "130" />
```
　　< p > 姓名:狮子 < br />年龄:12 岁 < br /> 身高:190cm < br /> 体重:180kg < br /> 食物:肉
类 < br /> 狮子生活在非洲,爱睡觉,有时也会用一天的时间狩猎 </ p >< /li >
```
      </ul >
      </div >
   </div >
   </body >
```

图 3-62　使用 CSS 3.0 实现动态堆叠卡效果

11. text－shadow（文字阴影）

该属性用于设置文字阴影效果。

格式：text－shadow：阴影横向偏移　　阴影纵向偏移　　阴影模糊距离　　阴影颜色

例如下面的样式代码，执行后显示效果如图 3-63 所示。

```
text－shadow:5px 2px 6px #000；
```

CSS3的text-shadow属性实现文字阴影效果

图 3-63　文字阴影效果

12. text－overflow（文本溢出处理）

　　在网页中显示信息时，如果显示信息过长超过了显示区域的宽度，其结果就是信息撑破
指定的信息区域，从而破坏了整个页面的布局；如果设置的信息显示区域过长，又会影响整
体页面的效果。以前处理这个问题是通过 JavaScript 将超出的信息进行省略，现在只要使用

CSS 3.0 中新增的 text – overflow 属性，就可以解决这个问题。

格式：text – overflow：clip | ellipsis

说明：clip 参数表示对象内文本溢出时不显示省略标记（…），只是简单的裁切。ellipsis 参数表示对象内文本溢出时显示省略标记（…）。

例如下面的代码，执行后显示效果如图 3-64 所示。

```
< head >
< style type = "text/css" >
#box{
    font – family:黑体;
    font – size:36px;
    font – weight:bold;
    color:#FF6600;
    width:500px;
    white – space:nowrap;
    overflow:hidden;
    text – overflow:clip;
    border:1px solid #000;
    }
</style >
</head >
< body >
< div id = "box" >
dhjvhjvxnzcvncxnhuvhehjvnds-
vndsvnehjvnmxdvnxzbnvndshbvnxdvnbxnzcvxzbnvzxnvbdsvbsbndvbhxdzvdsxvsdvvzsddxfvxvxzcv
</div >
</body >
```

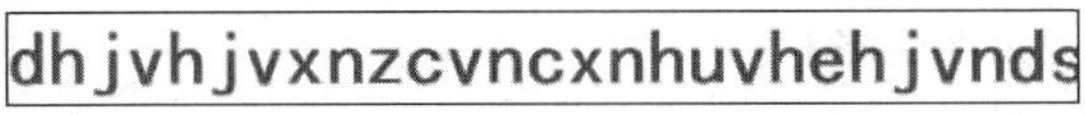

图 3-64　text – overflow:clip 时的显示效果

如果参数设为 ellipsis，显示效果如图 3-65 所示。

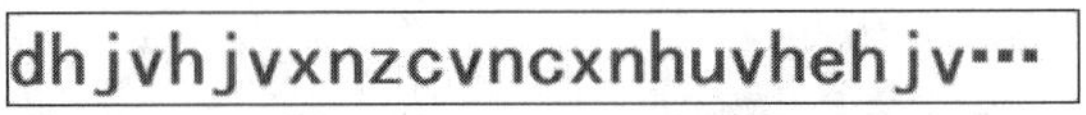

图 3-65　text – overflow:ellipsis 时的显示效果

13. @font – face（加载服务器端字体）

如果不想做成图片，可通过@font – face 属性加载服务器端的字体文件，让客户端显示本地没有安装的字体。

格式：@font – face:{属性:取值;}

其中属性如表 3-13 所示。

表 3-13　@font-face 的属性及含义

属　　　性	含　　　　义
font-family	设置文本的字体名称
font-style	设置文本样式
font-variant	设置文本是否大小写
font-weight	设置文本的粗细
font-stretch	设置文本是否横向拉伸变形
font-size	设置文本字体大小
src	设置自定义字体（.ttf 文件和.otf 文件）的相对路径或者绝对路径。此属性只在@font-face 规则中使用

3.4.3　任务实施

1. 任务场景

将 CSS 3.0 的有关属性应用到网页中。本任务是利用 CSS 3.0 实现图 3-66 所示的可折叠栏目动态效果。

图 3-66　可折叠栏目动态效果

2. 操作环境

Windows 7、Dreamweaver、多种常用浏览器。

3. 操作步骤

设置 HTML 及 CSS 代码如下：

```
<head>
<meta http-equiv="Content-Type" content="text/html;charset=utf-8"/>
<title>使用 CSS 3.0 实现可折叠栏目</title>
<style type="text/css">
```

```css
* {
    margin:0px;
    padding:0px;
    border:0px;
}
body {
    font - family:宋体;
    font - size:12px;
    color:#333333;
    line - height:20px;
    background - repeat:repeat - x;
    background - color:#E1E1E1;
}

#top {
    width:960px;
    height:182px;
    background - repeat:no - repeat;
    margin:0px auto;
    text - align:center;
    padding - top:29px;
}

#main img {
    vertical - align:middle;
    margin - right:10px;
}
#main a {
    display:block;
    height:40px;
    background - color:#D4D4D4;
    border - bottom:1px solid #E1E1E1;
    font - family:黑体;
    font - size:14px;
    font - weight:bold;
    color:#FFFFFF;
    line - height:40px;
    text - decoration:none;
    padding - left:10%;
    padding - right:10%;
}
#main a:hover {
    background - color:#E1E1E1;
    border - bottom:   1px solid #FFFFFF;
}
```

```
#main div{
    height:0px;
    overflow:hidden;
    background - repeat:repeat - x;
    background - color:#FFFFFF;
    padding - left:10%;
    padding - right:10%;
    transition:height 600ms ease;
    - webkit - transition:height 600ms ease;
}
#main div p{
    padding:20px;
}
#main div:target{
    height:150px;
}
</style>
</head>
<body>
<div id = "top"><img src = "images/304.png" width = "598" height = "150"/></div>
<div id = "main"><a href = "#first"><img src = "images/84404.png" width = "12" height = "12"/>关于我们设计室</a>
    <div id = "first">
        <p>        致力于个性化产品的发掘和提升,我们提供从高端网站咨询与建设、电子商务策划运营、数字互动营销策划、媒介广告代理投放、网站 SEO 优化、互动创意设计、淘宝店铺高端定制、VI 设计、3D 网站建设、3D 虚拟展厅等一系列专业服务。
</p></div>
    <a href = "#second"><img src = "images/84404.png" width = "12" height = "12"/>我们的服务</a>
    <div id = "second"><p>        数字互动营销——基于用户中心的理论,经验设计的指导,我们在为客户量身打造一整套在线营销的利器及解决方案。<br/>
        网站建设——为您度身定造互动营销型网站建设。<br/>
        3D 虚拟仿真体验——网络 3D 视觉展示技术,美幻互动的虚拟仿真世界! 企业 3D 虚拟新型营销工具,让科技创所未想,无限互动想象。<br/>
        SEO 搜索引擎优化——搜索引擎优化就是让网站在搜索引擎百度中获得较好的排名,提高网站曝光率,从而赢得更多潜在客户的一种网络营销(IM)方式。</p></div>
    <a href = "#third"><img src = "images/84404.png" width = "12" height = "12"/>如何联系我们</a>
    <div id = "third">
        <p>        QQ:1236086</p></div>
</div>
```

4. 课堂实践

练习 CSS 中设置不透明度的属性,制作一个带关闭按钮的弹窗效果,弹出窗口时周围变暗。

1）制作基本显示效果如图 3-67 所示，窗口中内容可以自由设计。

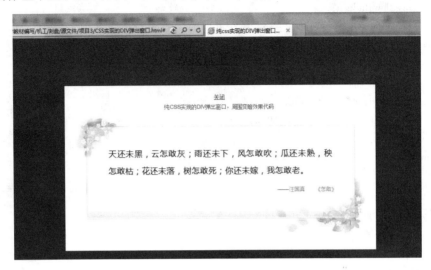

图 3-67   CSS 弹窗效果

2）在基本效果的基础上修改 CSS 代码，使窗口为圆角带阴影且有过渡变化的效果。基本代码如下：

```
< head >
< meta charset = "utf - 8" />
< title >纯 css 实现的 Div 弹出窗口,周围变暗效果代码</title >
< style type = "text/css" >
* {
    margin:0;
    padding:0;
}
body{
    font:12px/1.8 Arial;
    color:#666;
}
h1.tit - h1{
    font - size:38px;
    text - align:center;
    margin:30px 0 15px;
    color:#f60;
}
.go - back{
    text - align:center;
    border - top:1px dashed #ccc;
    padding:10px;
```

```css
        margin - top:20px;
        font - size:40px;
}
ul,li{
        list - style:none;
}
.wrapper{
        border:1px solid #e6e6e6;
        padding:20px;
}
.black_overlay{
        position:fixed;
        z - index:1000;
        width:100% ;
        height:100% ;
        top:0;
        left:0;
        filter:alpha( opacity = 80 ) ;
        opacity:0. 8;
        overflow:hidden;
        background - color:#000;
}
* html{
        background:url( * )fixed;
}
* html body{
        margin:0;
        height:100% ;
}
* html .black_overlay{
        position:absolute;
left:expression( documentElement. scrollLeft + documentElement. clientWidth - this. offsetWidth) ;
top:expression( documentElement. scrollTop + documentElement. clientHeight - this. offsetHeight) ;
}
.white_content{
        display:none;
        position:absolute;
        top:15% ;
        left:25% ;
        width:676px;
        height:350px;
        border:16px solid #FFF;
        border - bottom:none;
```

```
        background - color:white;
        z - index:1002;
        overflow:auto;
        text - align:center;
    }
    </style></head>
    <body>
    <div class = "wrapper">
        <p style = "font - size:30px;text - align:center;"><a href = "#" onClick = "docu-
    ment.getElementById('light').style.display='block';document.getElementById('fade').style.display
    ='block'">点我试下</a></p>
        <div id = "light" class = "white_content">
        <ahref = "javascript:void(0)" onclick = "document.getElementById('light').style.display='none';
    document.getElementById('fade').style.display='none'">关闭</a>
        <p>纯CSS实现的Div弹出窗口,周围变暗效果代码<p>
            <img src = "images/bg123.jpg" width = "676" height = "278">
        </div>
        <div id = "fade" class = "black_overlay" style = "display:none;"></div>
        <p style = "height:2000px;"></p>
    </div>
    </body>
```

任务3.5　网页样式的兼容性设计

3.5.1　任务分析

　　由于不同的浏览器,比如IE6、IE8、IE9、Firefox、Chrome等,对CSS的解析识别不一样,因此会导致相同的样式代码而显示的页面效果不一样。本任务就是要解决这类样式代码的浏览器兼容问题,得到用户需要的在不同浏览器下显示外观完全一致的页面效果。

3.5.2　常见浏览器及其特点

　　常见浏览器及其LOGO图标如表3-14所示。

表3-14　常见浏览器及其LOGO图标

1. IE 浏览器

第一代 IE 浏览器 IE1.0 于 1995 年 8 月 16 日发布，当时它还不太起眼。

IE2.0 于 1995 年 11 月份发布，它支持 SSL、Internet Newsgroups，并且开启了同时支持 Windows 和苹果系统的时代。

IE3.0 于 1996 年 8 月发布，该版本首次使用了大家熟悉的蓝色 e 字母图标，支持 CSS、ActiveX 和 Java 程序，可以显示 JPEG、GIF 图片。

IE4.0 发布于 1997 年 10 月，首次捆绑到 Windows 系统，率先引入对 DHTML 的支持。

IE5.0 发布于 1999 年 3 月，支持 Ajax，是最后一款 16 位 IE 浏览器。

IE6.0 浏览器是大家熟悉的版本，它发布于 2001 年 8 月，与 Windows XP 堪称黄金搭档。随着时间的流逝和技术的发展，IE6 缓慢的速度、对 PNG 图片透明特性支持的不足、不稳定性以及脆弱的安全性等缺陷不断受到用户的指责，不少 Web 开发者也经常抱怨 IE6 缺乏对 Web 标准的兼容。同时，微软也积极建议用户能尽快抛弃 IE6 浏览器，升级到更加安全高效的 IE8 或者 IE9 版本。

IE7 发布于 2006 年 10 月，这个版本在外观、选项卡浏览、高级打印、搜索、安全性等方面做了不少改进。

IE8 浏览器于 2009 年 3 月发布，这个版本有非常多的新特性和安全功能，比如域名高亮、Inprivate 浏览、Smartscreen 筛选器等，可以有效帮助用户远离钓鱼网站和恶意软件从而避免误入险境。除了这些安全特性，IE8 浏览器还有很多实用的功能，比如选项卡的隔离和恢复功能可以有效减少崩溃对流畅浏览网页的影响，加速器可以方便地调用来自其他网站的各种服务（如翻译、地图等）。IE8 也是微软首款支持 64 位系统的 IE 版本。

IE9 浏览器发布于 2011 年 3 月，它不仅继承了 IE8 浏览器的各种丰富功能和安全特性，更添加了不少增强功能，同时配上 Windows 7 系统的相关特性，更可谓珠联璧合完美搭配，为用户在互联网上畅快冲浪提供了更多安全保障，也使操控更加方便。

IE10 预览版首次与大家见面是在 2011 年 4 月，但一直到 Windows 8 捆绑版才算是正式完成了 IE10。与 IE9 相比，IE10 在硬件加速、数据处理速度、网站页面打开速度上都有了提升，在页面处理和视觉处理功能上也进行了加强，还支持现有的各个网页标准。据微软称，IE10 与 IE9 一样，也建立在硬件加速图形工具软件之上，而且 IE10 将继续支持 HTML5 和 CSS3。IE10 对于用户的隐私保护也进行了升级，能够通过简单的"禁止追踪"设置，来拒绝网站获得用户的 Cookies 信息，从而避免互联网领域愈演愈烈的隐私危机。

IE11 于 2013 年 11 月 07 日随 Windows 8.1 发行，基于 Windows 7 的版本于 2013 年 11 月 08 日发布。IE11 支持多窗口浏览和无限标签页，即在 IE11 中不再进行限制标签页数量。由于浏览器会智能进行内存分配，"暂停"非活动页面标签，所以多标签同时打开并不会降低用户体验。而一旦用户切换标签，备份马上就能激活。IE11 的另一个改进是"收藏夹中心"，用户在 IE10 里管理收藏夹必须回到桌面模式，而 IE11 允许用户编辑书签，且每个书签都可以有自定义的图标，使用户一眼就能识别出特定书签。还有就是对 WebGL（Web Graphics Library）的支持，因为 WebGL 可以为 HTML5 Canvas 提供硬件 3D 加速渲染，可以免去开发网页专用渲染插件的麻烦，甚至可以用于设计 3D 网页游戏等。

IE 内核使用 Trident 排版引擎，虽然对 Web 标准的支持总是迟缓，为此一直被网页设计者所诟病，但得益于操作系统的占有率，世界上仍有很多用户在使用 IE 浏览器，所以现在网页模版完成后还是要用 IE 来检验一下最终效果。

2. Firefox（火狐）

Mozilla Firefox，中文名称火狐，是一个开源网页浏览器，内核使用 Gecko 排版引擎，由 Mozilla 基金会与数百个志愿者所开发。原名"Phoenix"（凤凰），之后改名"Mozilla Firebird"（火鸟），再改为现在的名字 Firefox，目前最新的正式版本为 Firefox 51.0.1.6234。Firefox 浏览器可以自由定制，其插件非常丰富。下载来的 Firefox 浏览器一般是纯净版，功能比较少，要根据自己的喜好进行定制。

Mozilla 在中国的子公司——北京谋智网络技术有限公司于 2007 年 7 月在北京清华科技园正式成立，主要负责在中国推广使用 Mozilla 的产品，包括 Firefox 浏览器等。Firefox 浏览器是一个自由的、开放源码的浏览器，适用于 Windows、Linux 和 MacOS X 平台，它体积小、速度快、安全性高、稳定性好，其他一些特征包括标签式浏览、禁止弹出式窗口、定制工具栏、扩展管理、更好的搜索特性、快速而方便的侧栏功能、检查网页设计对火狐浏览器与 IE 浏览器的兼容性问题等。

3. Opera

Opera 是一款瑞士开发的浏览器，使用 Presto 内核，占用内存小，运行速度也不错。Opera 的表现中规中矩，该有的功能都有，自动填表、标签浏览、鼠标手势等都是内置的，是一个各方面都很均衡的浏览器。美中不足的是浏览器顶端显示标题的边框不能去掉，蓝色的边框和整体的配色看起来不太协调。

4. Maxthon（遨游）

遨游浏览器使用 IE 内核，功能较为丰富，支持各种外挂工具及 IE 插件，用它主要有两个原因，一是它的网络收藏夹，能随时随地保存用户想收藏的网页，不会因为更换计算机就找不到自己的收藏夹了；二是它的表单自动填充功能很强大，登录一次之后保存表单，第二次登录直接自动填充表单，不用重新输入账号和密码，让登录变得更加简单快捷。

5. 世界之窗（TheWorld）

世界之窗跟遨游类似，都采用 IE 内核，不过占用的内存要比遨游小得多，难以置信的是，随着窗口打开时间的增加，世界之窗占用的内存还越来越少。不同于常见的 IE 内核浏览器，世界之窗没有采用常见的开发库如 MFC/WTL 等开发，而是直接使用效率更高、更简洁的 Win32 SDK 开发，自行封装扁平架构的开发库，接口更加透明，因而功能实现更加直接，便于优化，这就是为什么功能相同的情况下，世界之窗可以更小、更快的原因之一。

6. 360 浏览器

360 安全卫士产品做大后，有了一定影响力，就推出了这款基于 IE 内核的浏览器。因为有 360 安全卫士的因素，其相应的网络安全配套比较完善。

7. Sogou（搜狗）

搜狗浏览器早先也使用 IE 内核，它的一大特色是教育网加速功能。新的 2.0 版号称拥有两种内核：IE 内核和 webkit 内核，可以随时切换。

8. Chrome 浏览器（谷歌浏览器）

Chrome 是安全性比较高的浏览器，使用 webkit 的内核，对 Web 标准的支持好。因为 Chrome 与 IE 内核不同，目前针对它们设计的木马、病毒较少。

9. Safari

Safari 在 2003 年 1 月 7 日首度发行测试版，并成为 Mac OS X v10.3 及之后的默认浏览器，也是 iPhone、iPad 和 iPod touch 的指定浏览器。Windows 版本的首个测试版在 2007 年 6 月 11 日推出，支持 Windows XP 与 Windows Vista，在 2008 年 3 月 18 日推出正式版，现已支持 Windows 7。2012 年 7 月 26 日，随着苹果的"山狮"系统发布，Windows 平台的 Safari 已经放弃开发。Safari 使用苹果公司自己的内核，即使用 Webkit 引擎，包含 WebCore 排版引擎及 JavaScriptCore 解析引擎，均是从 KDE 的 KHTML 及 KJS 引擎衍生而来，它们都是自由软件，在 GPL 条约下授权，同时支持 BSD 系统的开发。由于 Webkit 也是自由软件，同时开放源代码，在安全方面不受 IE、Firefox 的制约，所以 Safari 浏览器在国内还是很安全的。

值得注意的是：考查浏览器性能不能只看其内核使用的排版引擎，还要看其使用的脚本引擎，特别是现在网页设计中大量使用 JavaScript，脚本引擎的计算解析速度对页面体验效果影响很大。

3.5.3　网页样式的兼容性设计

1. 什么是 CSS hack

用户需要针对不同的浏览器去写不同的 CSS，让它们同时兼容多种不同的浏览器，这种针对不同的浏览器编写不同的 CSS 代码而产生相同显示效果的技术，叫作 CSS hack。

2. CSS hack 的实现

可以使用多种技术来实现 CSS hack，具体如下。

1）利用特定样式代码格式只被特定浏览器识别的原理，可以编写在某种浏览器下呈现的效果。

例如下面关于 Div 背景色的样式代码：

```
div{ background:orange;              /*橙色,都识别*/
      *background:green;             /*绿色,IE6,IE7 识别*/
      _background:blue;             /*蓝色,IE6 识别*/
      }
```

在 IE6 中呈现蓝色背景，在 IE7 中呈现绿色背景，在其他浏览器下呈现橙色背景。

2）利用浏览器对特殊选择器或特殊标识的识别差异。

例如 IE6 能识别通用选择器＊，但不能识别最高级!important；IE7 能识别通用选择器＊，也能识别最高级!important；FF、谷歌等不能识别通用选择器＊，但能识别最高级!important。

所以下面的代码：

```
#abc{ background:orange;
        background:green !important;
        *background:blue;}
```

在 IE6 中是蓝色的，在其他情况下显示是绿色的。

3）在属性后面加后缀。

```
:root 选择符{属性\9;}/*IE9 识别*/
```

4）通过 CSS3 判断对象@ media。

例如下面的 ID 选择器 abc 定义的样式代码仅能被 Chrome 浏览器识别：

```
@ media screen and( - webkit - min - device - pixel - ratio:0) {
  #abc {
      …
  }
}
```

而下面的 ID 选择器 abc 定义的样式代码仅能被 Firefox 浏览器识别：

```
@ - moz - document url - prefix( ) {
  #abc {
      …
  }
}
```

5）使用 HTML 的条件注释。

因为条件注释只能被 IE 浏览器的兼容模式识别，根据这个特点可以让 IE 浏览器加载不同的样式文件或 HTML 标签。

例如下面的代码在 IE 兼容模式下背景为红色，播放 1212. mp3 背景音乐；而在其他支持 HTML5 标签的浏览器下背景为灰色，播放 1. mp3 背景音乐。

```
< head >
< style type = "text/css" >
body {
    background - color:#ccc;
}
</style >
< !--
[if( IE) &( lt IE 11) ] >
< bgsound src = "1212. mp3" loop = " - 1" >
< style type = "text/css" >
body {
    background - color:#ff0000;
}
</style >
< ![endif]
-->
</head >
< body >
< audio src = "1. mp3" autoplay = "autoplay" loop = " - 1" ></audio >
</body >
```

6）使用元信息标记 meta 指定页面由哪种浏览器渲染。

例如, 下面的代码规定页面用 IE9 渲染:

$$< meta\ http-equiv="x-ua-compatible"\ content="ie=9"\ />$$

下面的代码规定页面使用 Webkit 排版引擎的浏览器渲染:

$$< meta\ name="renderer"\ content="webkit">$$

3.5.4 任务实施

1. 任务场景

修改图 3-35 对应的代码, 在页面中显示图 3-68 Div 布局。要求在 IE6、IE11、Chrome、Firefox 浏览器下显示效果完全相同。

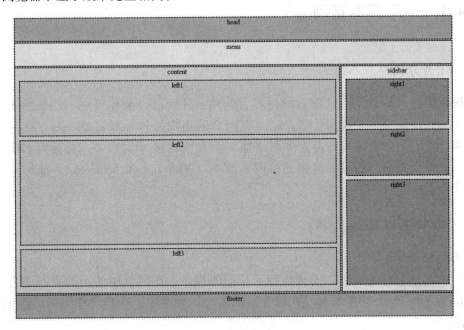

图 3-68　Div 布局结构

2. 操作环境

Windows 7、Dreamweaver、多种常用浏览器。

3. 操作步骤

1) 先在 IE 下将样式代码测试通过。

2) 再在 Chrome 浏览器和 Firefox 浏览器下测试, 对效果不一致的地方增加针对 Chrome 浏览器和 Firefox 浏览器执行的样式代码。

4. 课堂实践

设计一段滚动字幕 (用 marquee 标记) 效果, 要求在 IE6、IE11、Chrome、Firefox 浏览器下显示效果完全相同。

项目 4　网页的脚本设计

知识技能目标

- 掌握 JavaScript 语言基础知识
- 能在网页中应用 JavaScript 效果

任务 4.1　网页脚本基础

4.1.1　任务分析

到现在为止，某企业网站首页的内容、结构、外观已经制作完毕，相当美观，但他们还想为页面增加一些效果和功能，让浏览网页的用户操作体验更好一些，比如首页打开时能够弹出一个公告窗口；再为页面增加一个友情链接导航列表；页面内容展示得更艺术一些，效果更炫一些等。这里通过网页脚本（VBScript 和 JavaScript）能够很好地完成这些任务。

4.1.2　JavaScript 语言基础

1. JavaScript 语言简介

脚本（Script）是网页中完成某些特殊功能的程序。在网页中使用的脚本语言主要有 JavaScript 和 VBScript。脚本既可以在服务器端运行（如 ASP、PHP、JSP 等），也可以在客户端运行。

客户端脚本驻留在客户机上（随网页一起下载），常用于检测浏览器的功能、响应用户的动作、验证表单数据、显示对话框以及增强显示效果等。客户端脚本执行时无须与 Web 服务器通信，减少了网络传输量和服务器负荷，改善了系统的性能，但缺点是相对于服务器端脚本而言，前台浏览器执行的脚本安全性稍差。

通常有三种方式将脚本添加到 HTML 页面。

1）使用 Script 标记符，例如：

```
< script > … < /script >
```

2）直接在 HTML 标记符内添加，例如：

```
< a href = "javascript:alert('XXX')" >点这里弹出对话框 < /a >
```

3）调用外部的脚本文件。例如：

```
< script src = "xxx. js" >< /script >
```

2. JavaScript 的特点

（1）简单性

像 VBScript 一样，JavaScript 也是解释性语言，基本结构与 C、C++、C#、VB、Delphi、Java 相似，但它不像这些语言需要先编译。JavaScript 和 HTML 标记结合在一起，方便了开发者设计和用户的操作，增强了网页的功能。

（2）动态性

JavaScript 是动态的，它可以直接对客户输入做出响应，无须经过 Web 服务器。它对用户的响应是采用事件驱动的方式进行的。所谓事件驱动，就是指在页面中执行了某种操作后产生的相应动作，比如按下鼠标、移动窗口、选择菜单等都可以视作事件。当事件发生后，即会触发相应的事件响应（动作）。

（3）跨平台性

JavaScript 具有跨平台性，只要浏览器支持 JavaScript，它就能正确执行。目前常用的浏览器都支持 JavaScript。

（4）基于对象

JavaScript 是一种基于对象的语言，支持面向对象的编程方法。JavaScript 本身还内置了一些基本对象，可以直接使用这些对象来完成相应的功能，而不需要再由设计者来创建这些类。

（5）良好的安全性

JavaScript 只能通过浏览器来实现信息的浏览和动态交互，而不允许直接向客户端硬盘写入数据，也就是说，JavaScript 不能直接对浏览者的硬盘目录和文件进行写入操作，用户可以放心使用。

（6）网络上有丰富的资源

基于以上特点，JavaScript 在网页设计与制作中得到了广泛的应用。下面是一个简单的 JavaScript 程序，运行结果如图 4-1 所示。

```
< script language = "JavaScript" >
    document. writeln(' < H1 > 欢迎使用 JavaScript!!! </H1 >') ;
    document. writeln(' < br >') ;
    document. writeln(' < H3 > 悄悄地我走了,正如我悄悄地来；</H3 >') ;
    document. writeln(' < H3 > 我挥一挥衣袖,不带走一片云彩。</H3 >') ;
</ script >
```

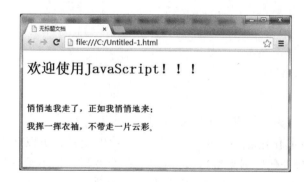

图 4-1　JavaScript 显示结果

3. JavaScript 语言基础

（1）变量

1）变量的命名规则如下：

- 变量名必须以字母或下画线开始，其余字符可以是字母、数字、下画线等。
- 变量名中除下画线作为连字符外，不能有空格、" + "" – ""，"或其他符号。
- 不能使用 JavaScript 中的关键字作变量名。

注意：JavaScript 区分字母大小写。

2）JavaScript 保留字。在 JavaScript 中定义了 40 多个关键字（保留字），这些保留字是 JavaScript 内部使用的，不能作为变量名、函数名、方法名和对象名。常用保留字如表 4-1 所示。另外，内部的函数名和对象名也是保留字。

表 4-1　JavaScript 常用保留字

abstract	default	if	private	this
boolean	do	implements	protected	throw
break	double	import	public	throws
byte	else	instanceof	return	transient
case	extends	int	short	try
catch	final	interface	static	void
char	finally	long	strictfp	volatile
class	float	native	super	while
const	for	new	switch	
continue	goto	package	synchronized	

3）变量的类型。在 JavaScript 中，变量的类型由其值的类型来决定。在 JavaScript 中，变量可以用命令 var 作声明，例如：

```
var mytest;
var mytest = "This is a book";
```

在 JavaScript 中，变量可以不作声明，而在使用时再根据所赋数值的类型来确定该变量的类型。例如：

```
x = 100;
y = "125";
xy = true;
cost = 19.5;
```

这里，x 为整数，y 为字符串，xy 为布尔型，cost 为实型。

4）变量的声明及其作用域。对于一个用 var 声明的变量，可以在声明时赋给它一个特殊的常量 null（可代表任何数据类型）。若声明了一个变量，但不给它任何值（包括 null），那么这个变量确实存在，但是却处于未定义状态，其类型为 undefined，这时如直接引用，会产生一个错误。例如，下面的代码中 abc 没有数值而直接引用，是错误的：

```
var abc;
var def = 5 * abc;
```

变量的另一个重要属性就是变量的作用域。JavaScript 中有全局变量和局部变量，全局变量定义在所有函数之外，其作用范围是所有函数，而局部变量定义在函数内，只在该函数内有效。

（2）常量

1）整型常量。可以用十六进制（如 0x25）、八进制（如 025）、十进制等表示。

2）实型常量。可用科学计数形式（如 5E7）和标准计数形式表示。

3）布尔型常量。有 true 和 false 两个值。

4）字符串常量。用单引号或双引号括起的一串字符。

5）空值 null。null 表示什么也没有，但它可以和任何数据类型进行安全的转换，例如：

```
var x = null;
var y = 3 * x;
```

结果 y 的值为 0。

6）特殊字符。同 C 语言一样，JavaScript 也有转义字符（控制字符）。常用控制字符如下：

| \b | 退格 | \f | 换页 | \n | 换行 | \r | 回车 |
| \t | Tab | \' | 单引号本身 | \" | 双引号本身 | | |

（3）运算符

1）赋值符号。

= ：将右边表达式的值赋给左边的变量。

+= ：将左右操作数相加的结果赋给左边的变量。

-= ：将左边变量的值减去右边表达式的值赋给左边的变量。

*= ：将左右操作数相乘的结果赋给左边的变量。

/= ：将左边变量的值除以右边表达式的值赋给左边的变量。

%= ：将左边变量的值除以右边表达式的结果的余数赋给左边的变量。

2）单目运算符。

- ：改变操作数的符号（取反）。

~ ：操作数各位对应取补码值。

++ ：用于操作数之前或之后（自加 1）。

-- ：用于操作数之前或之后（自减 1）。

3）双单目运算符：+（加）、-（减）、*（乘）、/（除）、%（模）

4）位操作符：|（位或）、^（位异或）、&（位与）、<<（左移）、>>（右移）

5）比较运算符：==、!=、>=、<=、>、<

6）逻辑运算符：&&（与）、||（或）、!（非）

7）字串运算符：+（首尾连接）

（4）运算符的优先级（从高到低）

括号→单目运算→算术运算→比较运算→位运算→逻辑运算→条件运算(?:)→赋值

运算

（5）数据类型

JavaScript 有数值型、逻辑型（布尔型）、字符串、undefined 型、对象型等数据类型。可以把对象看成是一个命名好的容器，可以容纳数据（如该容器的某个属性值）以及提供特定的方法（对数据进行的操作）。

在 JavaScript 中，运算符 typeof 可以测试一个表达式的类型。例如：

typeof(表达式)

它的返回值可以是 number（数值型）、string（字符型）、boolean（逻辑型）、object（对象型）、function（函数）、undefined（未定义）等。

（6）JavaScript 的基本语句

JavaScript 的语句之间要用分号分隔，语句块用一对大括号括起来，语句块在语法上等同一条单语句。

1）简单语句。

① 赋值语句。

格式：变量名 = 表达式

② 变量声明。

格式：var 变量名[[= 初始值],…]

举例：var name = "李强", sex = "男", age

注意：变量 age 没有给初值，在程序中不能直接引用。

③ 注释语句。

格式一：//单行注释内容

格式二：/ * 多行注释内容 */

2）条件（分支/选择）语句。

① if 条件语句。

格式：

```
if( 条件式 )
{ 语句组 1;}
else
{ 语句组 2;}
```

执行过程：如果条件式成立，则执行语句组 1；如果条件式不成立则执行语句组 2（如果没有 else 分支，则什么都不执行）。if 条件语句的执行流程如图 4-2 和图 4-3 所示。

图 4-2　完整条件分支　　　　　图 4-3　不完整条件分支

例4-1 下面程序代码运行时，单击"北京"按钮，显示结果如图4-4所示，弹出窗口如图4-5所示。

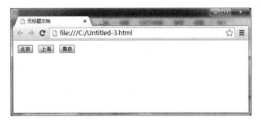

图4-4 页面运行界面

图4-5 脚本弹出窗口

脚本代码如下：

```
< script language = "JavaScript" >
functionShowWindows( n)
| if( n == 1) window. prompt("这是第一个窗口","北京");
    else if( n == 2) window. prompt("这是第二个窗口","上海");
        else if( n == 3) window. prompt("这是第三个窗口","南京");
            else window. prompt("这是第一个窗口");|
< / script >
```

结构代码如下：

```
< form >
    < input type = button value = "北京" onclick = "ShowWindows(1)" >
    < input type = button value = "上海" onclick = "ShowWindows(2)" >
    < input type = button value = "南京" onclick = "ShowWindows(3)" >
< / form >
```

② 多分支语句（开关语句）switch。

格式：

```
switch( 表达式 )
{
  case 值1：
  | 语句组1；|
    break;
  case 值2：
  | 语句组2；|
    break;
      …
    default：
  | 语句组 n；|
}
```

执行过程：先计算表达式的值，再寻找测试值与该值匹配的 case 支路执行。

说明：如果 case 部分没有 break 语句，则会继续执行下一个 case 语句。因此，如果要控制在每种情况下只执行一个支路的语句，就必须在每一个 case 支路的执行语句最后加上一个 break 语句；所有 case 均不匹配时执行 default 支路的语句组。switch 语句执行流程如图 4-6 所示。

3）循环（重复）语句。

① for 循环。

> for(初始化;条件式;增量)
>   ｛语句块；｝

例如：

> for(i = 1;i < 10;i ++)
>   ｛语句块；｝

for 循环的执行流程图如图 4-7 所示。

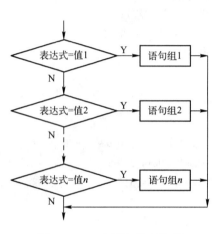

图 4-6　switch 语句执行流程

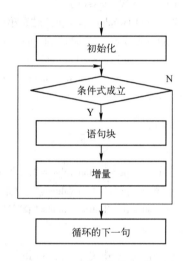

图 4-7　for 循环的执行流程图

除此之外，JavaScript 中还有一种 for 循环，循环范围是一个对象所有的属性或者是一个数组的所有元素。其格式如下：

> for(变量　in　对象或数组)
>   ｛语句组；｝

② while 循环（当型循环）。

格式：

> while(条件式)
>   ｛语句组；｝

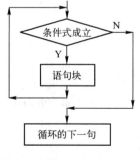

图 4-8　while 循环的
执行流程图

while 循环的执行流程图如图 4-8 所示。

③ do…while 语句（直到型循环，语句组至少执行一遍，直到条件不成立为止）。

格式：

166

```
        do
        ｛语句组；｝
        While(条件式)
```

④ break 和 continue 语句。

使用 break 语句使得循环从 for 或 while 中跳出，而 continue 将跳过循环内剩余的语句而直接进入下一轮循环。

(7) 自定义函数

1) 格式：

```
function 函数名( 形式参数表 )
｛
        语句组；
    ［ return ［表达式］；］
｝
```

说明：函数由关键字 function 定义，函数值由 return 语句返回，如果省略 return 语句，则不返回值。在 JavaScript 函数中有两个重要属性，即当函数传递参数时建立的两个属性。

● functionName. arguments. length 整数：对应参数的个数。

● functionName. arguments 数组：对应参数表中的每一项，即 functionName[0]表示第 1 项参数，functionName[1]表示第 2 项参数，依此类推。

2) 函数的返回值。

函数中用 return 语句将函数值返回，如果省略 return 后面的表达式，或函数中没有 return 语句，则函数返回一个 undefine 类型的值。

3) 函数中变量的声明（局部变量）。

函数内部变量通过 var 语句定义，一旦函数执行完成，这些变量就被释放。

4) 函数的位置及其调用。

在 JavaScript 中要调用一个函数，首先必须定义声明它，定义声明的函数应放在调用函数之前，所以许多函数的定义都放在 < head > 头部中，从而保证调用时不会出现错误。

函数的调用非常简单，直接给出函数名，并加上参数就行了，例如：

```
number = square(10);
```

5) 函数的递归。

递归调用是程序设计里的一个术语，指的是函数直接或间接调用自己。下面一段程序使用递归调用实现阶乘 5!=1×2×3×4×5 的计算，运行结果如图 4-9 所示。

```
< script language = "JavaScript" >
functionfactoria( n)
｛
    if( ( n ==0) ‖ ( n ==1))
        return 1;
    else
        return n * factoria( n – 1);        //递归调用
```

```
        }
    document. write("5 的阶乘是:",factoria(5));
</script>
```

图 4-9　递归调用计算 5 的阶乘

4.1.3　JavaScript 常用对象

　　JavaScript 是面向对象的语言。所谓"对象化编程",意思是把 JavaScript 能涉及的内容分成大大小小的对象,对象下面还可继续划分对象直至非常详细,所有的编程都以对象为出发点。小到一个变量,大到网页文档、窗口,甚至屏幕,都是对象。

　　JavaScript 的对象可以是一段文字、一幅图片、一个表单等。每个对象有特定的属性、方法和事件。对象的属性反映该对象某些特定的性质,如字符串长度、图像的高宽、文本框中的文字等;对象的方法能对该对象做一些操作,如表单的"提交"、窗口的"滚动"等;对象的事件能响应发生在对象上的动作,如提交表单产生表单的"提交事件",单击产生"点击事件"。不是所有的对象都有以上 3 个性质,有些没有事件而只有属性。图 4-10 是 JavaScript 的文档对象树。

图 4-10　JavaScript 文档对象树

1. navigator 浏览器对象

该对象反映当前使用的浏览器信息,其属性及功能如下。

1）appName：返回浏览器名。IE 返回"Microsoft Internet Explorer"。

2）appVersion：返回浏览器版本，包括版本号、语言、操作平台等信息。如 4.0（compatible；MSIE 6.0；Windows NT 5.0；QQDownload 1.7；.NET CLR 1.1.4322）。

3）platform：返回浏览器的操作平台，对 Windows 9x 以上浏览器，返回"Win32"。

4）userAgent：返回以上全部信息。如 IE5.01 返回"Mozilla/4.0（compatible；MSIE 6.0；Windows NT 5.0；QQDownload 1.7；.NET CLR 1.1.4322）"。

5）javaEnabled（）：返回一个布尔值，代表当前浏览器是否支持 Java。

示例如下：

```
< html >
    < script > document. write( navigator. javaEnabled( ) ) ; < /script >
< /html >
```

2. screen 屏幕对象

该对象反映当前用户的屏幕设置，其属性及功能如下。

1）width：返回屏幕的宽度（像素数）。

2）height：返回屏幕的高度。

3）availWidth：返回屏幕的可用宽度（除去一些不自动隐藏的类似任务栏等所占用的宽度）。

4）availHeight：返回屏幕的可用高度（同上）。

5）colorDepth：返回当前颜色设置所用的位数，如 -1（黑白）、8（256 色）、16（增强色）、24/32（真彩色）。

3. window 窗口对象

该对象描述一个浏览器窗口，一个框架页面也是一个窗口。一般引用 window 窗口对象的属性和方法时，不需要用"window. xxx"格式，而直接用"xxx"。

（1）window 窗口对象的属性及功能

1）name：窗口名称，由打开它的链接（< a target = "窗口名" >）或框架页（< frame name = "框架名" >）或某个 open（）方法决定。直接在浏览器窗口打开则返回空。

2）status：指窗口下方"状态栏"所显示的内容。通过对其赋值，可改变状态栏的显示。

3）opener：返回打开本窗口的父窗口对象（窗口对象）。如果窗口不是由其他窗口打开的，在 Netscape 中这个属性返回 null；在 IE 中返回 undefined（未定义）。undefined 在一定程度上等于 null。注意：undefined 不是 JavaScript 常数。

（2）window 窗口对象的方法

1）open（"URL"，"目标窗口"，"窗口参数"）

功能：在目标窗口中打开网页，其中"URL"为窗口中打开的网页，如果留空（""），则不打开任何网页。"目标窗口"为被打开的窗口名称，可用_top、_blank 等内置名称或自定义框架名称，这里的窗口名称跟链接中"target"属性的定义一致。如 parent 返回窗口所属的框架页对象，top 返回占据整个浏览器窗口的最顶端的框架页对象，self 指窗口本身。例如：

"< a href = "javascript；self. close( )" >关闭窗口 < /a >"

"窗口参数"描述被打开的窗口外观，参数之间用逗号隔开，如果只打开普通窗口，该参数留空（""）。常用窗口参数如表4-2所示。

表4-2　open 窗口参数

窗口参数	说　　明
top	窗口顶部距屏幕顶部的像素数
left	窗口左端距屏幕左端的像素数
width	窗口的宽度
height	窗口的高度
menubar	yes｜no（窗口有无菜单，默认有）
toolbar	yes｜no（窗口有无工具条，默认有）
location	yes｜no（窗口有无地址栏，默认有）
scrollbars	yes｜no（窗口有无滚动条，默认无）
status	yes｜no（窗口有无状态栏，默认无）
resizable	yes｜no（窗口能不能调整大小，默认能）

例如，下面的代码将打开图4-11所示的400×400像素的干净窗口。

```
< html >
< script >
window. open( "http://hao123. com" ," _blank" ," width = 400, height = 400, menubar = no,
toolbar = no, location = no, status = no, scrollbars = yes, resizable = yes" );
</script >
</html >
```

图4-11　使用 open 方法打开窗口

open( )方法返回的就是它打开的窗口对象。所以，varnewWindow = open(" ,'_blank ');把一个新窗口赋值到"newWindow"变量中，以后通过"newWindow"变量就可以控制窗口了。

2）window. close（）或 self. close（）：关闭本窗口。

3）窗口对象. close（）：关闭指定窗口。

4）focus（）：使窗口获得焦点，变为"活动窗口"。

5）［窗口对象.］scrollTo（x,y）：滚动窗口，使文档的（x,y）点滚动到窗口的左上角。

6）［窗口对象.］scrollBy（X,Y）：使窗口向右滚动 X 像素，向下滚动 Y 像素。如果取负值，则向相反的方向滚动。

7）［窗口对象.］resizeTo（width,height）：窗口调整大小到宽 width 像素，高 height 像素。

8）［窗口对象.］resizeBy（W,H）：调整窗口大小，宽增大 W 像素，高增大 H 像素。如果取负值，则减少。

例 4-2　单击按钮改变窗口大小（IE 有效），运行结果如图 4-12 所示。

图 4-12　单击按钮改变窗口大小

```
< html >< head >
< script language = "JavaScript" type = "text/javascript" >
var x = 0;
resizeTo(400,200);
functionresizeMe()
{ if( x ==0){ resizeBy(200,200); x = 1;}
  else{ resizeBy( -200, -200); x = 0;}}
</script ></head >
< body >
< form >< input type = "Button" onclick = "resizeMe();" value = "改变窗口大小" ></form >
</body ></html >
```

9）alert（"字符串"）：弹出有"确定"按钮的对话框，显示 < 字符串 > 的内容，弹出的窗口效果如图 4-13 所示。

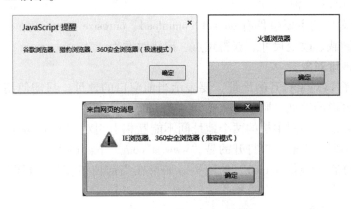

图 4-13　alert 弹出的窗口效果

10）confirm（"字符串"）：弹出包含"确定"和"取消"按钮的对话框，显示 < 字符串 > 的内容。如单击"确定"按钮，则返回 true 值；如单击"取消"按钮，则返回 false 值。显示效果如图 4-14 所示。

图4-14　confirm 弹出的窗口效果

11）prompt("字符串"［,初始值］)：弹出一个包含"确定""取消"按钮和一个文本框的对话框，显示＜字符串＞的内容，要求用户在文本框输入数据。如按下"确定"按钮，则返回文本框里已有的内容，如按下"取消"按钮，则返回 null 值。如指定格式中的＜初始值＞，则文本框里会显示此初始值。显示效果如图4-15所示。

图4-15　prompt 弹出的窗口效果

（3）window 窗口对象的事件

window 窗口对象的主要事件有 onload、onunload、onresize、onfocus、onerror 等，它们分别在窗口加载、卸载、改变尺寸、获得焦点、出错时发生。

4. location 地址对象

location 描述窗口对象打开的地址，要表示当前窗口的地址，只需使用 location 就行了；若要表示某一个窗口的地址，则使用"窗口对象 . location"。

注意：不同协议或不同主机的两个地址间不能互相引用对方的 location 对象，这是出于安全性的需要。例如，当前窗口打开的是"www. a. com"下面的某一页，另一个名为 bWindow 的窗口打开的是"www. b. com"的网页。如果在当前窗口使用"bWindow. location"时会提示"没有权限"。

（1）location 的属性

1）protocol：返回地址的协议，取值为 'http：','https：','file：'等。

2）hostname：返回地址的主机名，如 http://www. microsoft. com/china/ 的 location. hostname 为 www. microsoft. com。

3）port：返回地址的端口号，一般 http 的端口号是80。

4）host：返回主机名和端口号，如：'www. a. com:8080'。

5）pathname：返回路径名，如果 http://www. a. com/b/c. html，则 location. pathname 等于 b/c. html。

6）hash：返回 # 及以后的内容，如 http://www. a. com/b/c. html # chapter4，则 location. hash 等于 '#chapter4'；如果地址里没有"#"，则 location. hash 返回空串。

7）search：返回"?"以及以后的内容，如"http://www. a. com/b/c. asp? selection = 3&jumpto = 4"，则 location. search 等于 '? selection = 3& jumpto = 4'；如果地址里没有"?"，则返回空串。

8）href：返回以上全部内容，即返回整个浏览器的地址栏的地址。如果想在一个窗口对象中打开某地址，可以使用"location. href = URL"，也可以直接用"location = URL"。

（2）location 的方法

1）reload( )：相当于单击浏览器上的"刷新"按钮。

2）replace( )：打开一个 URL，并改变历史对象中当前位置的地址为此 URL。用该方法打开一个 URL 后，再按浏览器"后退"按钮将不能返回到刚才前面的页面。

5. 对象事件

1）onblur 事件：发生在窗口失去焦点的时候，应用于 window 对象。

2）onfocus 事件：发生在窗口得到焦点的时候，应用于 window 对象。

3）onchange 事件：发生在文本输入区的内容被更改，然后焦点从文本输入区移走之后。捕捉此事件主要用于实时检测输入的有效性，或者立刻改变文档内容，应用于 Password、Select、Text、Textarea 等对象。

4）onclick 事件：发生在对象被单击的时候。单击是指鼠标停留在对象上，按下鼠标左键。

5）onerror 事件：发生在错误发生时，应用于 window 对象，它的事件处理程序通常称为"错误处理程序"（Error Handler），用于处理错误。要忽略一切错误，可以使用以下代码：

```
window. onerror = function( )
{    return true;    }
```

6）onload 事件：发生在文档内容下载完毕时，即 HTML 文件、图片、插件、控件、小程序等全部下载完毕时，应用于 window 对象。本事件是 window 的事件，但是在 HTML 中指定事件处理程序时，是把它写在 < body > 标记中的。例如 < body onload = "XXX( )" >。

7）onmousedown 事件：发生在把鼠标放在对象上按下鼠标键时，应用于 Button、Link 对象。

8）onmouseout 事件：发生在鼠标离开对象时。应用于 Link 对象。

9）onmouseover 事件：发生在鼠标进入对象范围时，应用于 Link 对象。这个事件配合 onmouseout 事件，再加上图片的预读，就可以做到当鼠标移到图像链接上时图像更改的效果了。

指向一个链接时，如果不想在状态栏上显示地址，但显示其他信息，可以使用以下代码：

```
< ahref = "url 地址"    onmouseover = "window. status ='Click Me Please！';return true;"    onmouseout = "window. status =";return true;" >
```

注：一个普通按钮对象（Button）通常有 onclick 事件处理程序，普通按钮上添加 on-click 事件处理程序，可以模拟"提交"按钮，方法是：在按钮的单击事件处理程序中更改表单的 action、target 等属性，然后调用表单的 submit( )方法。

在 Link 对象的 onclick 事件处理程序中返回 false 值（return false），能阻止浏览器打开此连接。例如：< a href = " http://www. a. com" onclick = " return false" > Go！ </a >，那么无论怎样单击，都不会去到 www. a. com 网站，除非用户禁止浏览器运行 JavaScript。

10）onmouseup 事件：发生在把鼠标放在对象上鼠标键按下后放开鼠标键时。如果按下鼠标键时，鼠标并不在放开鼠标的对象上，则本事件不会发生，onmouseup 事件应用于 Button、Link 对象。

11）onreset 事件：发生在表单的"重置"按钮被单击（按下并放开）的时候。通过在事件处理程序中返回 false 值（return false）可以阻止表单重置。onreset 事件应用于 Form 对象。

12）onresize 事件：发生在窗口被调整大小时。onresize 事件应用于 window 对象。

13）onsubmit 事件：发生在表单的"提交"按钮被单击（按下并放开）时。通过在事件处理程序中返回 false 值可以阻止表单提交。onsubmit 事件应用于 Form 对象。

14）onunload 事件：发生在用户退出文档（或者关闭窗口，或者到另一个页面去）的时候。与 onload 一样，要写在 HTML 中的 < body > 标记里。onunload 事件应用于 window 对象。

有的 Web 管理者用这个方法来弹出"调查表单"，以"强迫"访问者填写；有的就弹出广告窗口，唆使来者单击链接。这种 onunload = " open… " 的方法有时甚至会因为弹出太多窗口而导致资源缺乏。

6. 关于对象化编程的语句

（1）with 语句

格式：with（对象） 语句；

功能：为一个或一组语句指定默认对象。

with 语句通常用于缩短特定情形下必须写的代码量。在下面例子中，注意 Math 的重复使用：

```
x = Math. cos(3 * Math. PI) + Math. sin(Math. LN10);
y = Math. tan(14 * Math. E);
```

当使用 with 语句时，代码变得更短且更易读：

```
with(Math){
    x = cos(3 * PI) + sin(LN10);    y = tan(14 * E);
}
```

（2）this 对象

this 返回"当前"对象。在不同的地方，this 代表不同的对象，如果在 JavaScript 主程序中（不在任何 function 中，不在任何事件处理程序中），this 就代表 window 对象；如果在 with 语句块中使用 this，它就代表 with 所指定的对象；如果在事件处理程序中使用 this，它就代表发生事件的对象。

一个常见的 this 用法如下：

```
< script >
    function check(formObj){ 表单检测代码 }
< / script >
< body >
    < form > < input type = "text"  onchange = "check(this. form)" > < /form >
< /body >
```

这个用法常用于立刻检测表单输入的有效性。

4.1.4 任务实施

1. 任务场景

为某企业的网页增加自动弹出公告窗口和使用下拉菜单完成链接导航的功能,运行效果如图 4-16 所示。

图 4-16 通过跳转菜单在窗口中打开目标页面

2. 操作环境

Windows 7、Dreamweaver。

3. 操作步骤

1) 创建首页 index. html,在 < head > 标记中加入以下代码:

```
< script language = "JavaScript" type = "text/javascript" >
functionnotice()  //打开新窗口
{
    var my = open("ggb. html","_blank","menubar = no,toolbar = no,location = no,status = no,width = 300,heigtht = 100")
}
function New_Window()//打开下拉列表中指定的 http 地址
{ window. open(document. form1. friend. options[document. form1. friend. selectedIndex]. value);
}
< /script >
```

2) 在 < body > 标记中加入以下 HTML 代码:

```
< H2 > 请在以下列表中选择需要导航到的站点…… < /H2 >
< form name = "form1" >
```

175

```
<selectonchange = "New_Window( )" width = "20" name = "friend" size = "1" >
    <option value = "" > ‑‑友情链接‑‑ </option > //空链接
    <option value = "http://www. 163. com" >网易 </option >
    <option value = "http://www. sina. com. cn" >新浪新闻 </option >
    <option value = "http://www. sohu. com" >搜狐 </option >
    <option value = "http://www. hao123. com" >好 123 </option >
</select >
</form >
```

3）在 <body> 标记中加入以下属性：

```
onload = "notice( )"
```

4）在首页目录下创建文档 ggb. html，功能是显示网页公告文字（或图片）的滚动字幕。

5）制作完成，运行 index. html。注：应关闭浏览器的阻止弹窗功能。

4. 课堂练习

例 4‑3 创建一个按钮，当单击该按钮时在对话框中显示系统时间，代码如下。

操作要点：对象事件及方法的应用。运行结果如图 4‑17 所示。

```
<html ><head >
<script language = "JavaScript"  type = "text/javascript" >
functionshowdate( )
｛    alert(Date( ))    ｝
</script >
<title >JavaScript 示例 </title >
</head ><body ><form >
<input type = "Button" onclick = "showdate( );"  value = "显示时间" >
</form ></body ></html >
```

图 4‑17   弹出对话框显示系统时间

任务 4.2   网页脚本应用实例

4.2.1   任务分析

本任务要在页面中加入 JavaScript 脚本效果，练习和巩固所学的脚本知识，增强用户体验。

4.2.2 任务实施

1. 任务场景

根据需要为前面制作的页面加入一些 JavaScript 脚本效果,增强用户体验。具体操作内容是将例 4-3 的代码进行修改,将系统时间通过 Div 显示在页面的指定位置。

2. 操作环境

Windows 7、Dreamweaver。

3. 操作步骤

1)在页面中加入 JavaScript 代码如下:

```
< script type = "text/javascript" language = "javascript" >
function show_cur_times( ) {
  var date_time = new Date( ) ;
  var year = date_time. getFullYear( ) ;
  var month = date_time. getMonth( ) + 1 ;
  if( month < 10 ) {
    month = "0" + month ;
  }
  var day = date_time. getDate( ) ;
  if( day < 10 ) {
    day = "0" + day ;
  }
  var hours = date_time. getHours( ) ;
  if( hours < 10 ) {
      hours = "0" + hours ;
  }
  var minutes = date_time. getMinutes( ) ;
  if( minutes < 10 ) {
      minutes = "0" + minutes ;
  }
  var seconds = date_time. getSeconds( ) ;
  if( seconds < 10 ) {
      seconds = "0" + seconds ;
  }
  var date_str = hours + " : " + minutes + " : " + seconds ;
  document. getElementById( "timetext" ). innerHTML = date_str ;
  document. getElementById( "yeartext" ). innerHTML = year ;
  document. getElementById( "monthtext" ). innerHTML = month ;
  document. getElementById( "daytext" ). innerHTML = day ;
}
setInterval( "show_cur_times( )" ,100 ) ;   //每隔 1 s 调用一次
</ script >
```

2）在页面中加入 HTML 结构代码如下：

```
<div><div style="float:left;">时间：</div>
<div id="timetext" style="float:left;width:60px;height:15px;"></div>
</div>
<div style="clear:both"><div style="float:left;">年份：</div>
<div id="yeartext" style="float:left;width:60px;height:15px;"></div>
</div>
<div style="clear:both"><div style="float:left;">月份：</div>
<div id="monthtext" style="float:left;width:60px;height:15px;"></div>
</div>
<div style="clear:both"><div style="float:left;">日期：</div>
<div id="daytext" style="float:left;width:60px;height:15px;"></div>
</div>
```

3）运行结果如图 4-18 所示。

图 4-18   在 Div 中显示时间

4. 课堂练习

例 4-4   页面装入后，等 3 s 或单击"开始"按钮均打开 http://mail.tom.com 网站。运行效果如图 4-19 所示。

图 4-19   等待 3 s 或单击按钮打开窗口

```
< html >< head >< title > 自动打开页面的例子 </ title >
< meta http - equiv = " Content - Type" content = " text/html;charset = utf - 8" />
< script language = " JavaScript" >
functionNewWindow( )
{     var my = open
( " http://mail. tom. com" ," " ," toolbar = yes,menubar = yes,width = 600,heigtht = 200" )
}
</ script ></ head >
< body onload = " timeout = setTimeout('NewWindow( )',3000)" >
< H4 >若单击"开始"按钮或等待 3 s 自动进入 http://mail. tom. com 页面。
< form >< input type = " Button" value = "开始"onclick = " NewWindow( )" >
</ form ></ body ></ html >
```

例 4-5　将鼠标移到一个链接时，超链接的文字放大显示，同时改变颜色。运行结果如图 4-20 所示。

图 4-20　脚本与样式结合示例

```
< !DOCTYPE html PUBLIC " - //W3C//DTD XHTML 1. 0 Transitional//EN" " http://www. w3. org/
TR/xhtml1/DTD/xhtml1 - transitional. dtd" >
< htmlxmlns = " http://www. w3. org/1999/xhtml" >
< head >
< meta http - equiv = " Content - Type" content = " text/html;charset = utf - 8" />
< title >强调链接 </ title >
  < script language = " Javascript" >
  function link1Over( )
  {
      link1. style. color = " red" ;    link1. style. fontSize = " 36px" ;
  }
  function link1Out( )
  {
      link1. style. color = " black" ;    link1. style. fontSize = " 16px" ;
  }
  </ script ></ head >
  < body >< div align = " center" >
  < form name = " form1" >
  < H3 >指向超链时放大该超链接。</ H3 >
< ahref = " http://www. 163. com" name = " link1" onmouseover = " link1Over( )" onmouseout = "
```

```
link1Out()">网易</a>
   </form>
</div></body>
</html>
```

例 4-6 折叠菜单效果。如果已显示了子菜单，则折叠，否则展开子菜单。运行结果如图 4-21 所示。

```
<html><head>
<meta http-equiv="Content-Type" content="text/html;charset=utf-8" />
<title>动态折叠菜单</title></head>
<style>
  BODY{font-size:12pt}
  A{font-size:10pt}
  .red{color:red}
  .menu{color:blue;cursor:hand}
  .indent{margin-left:0.3in}
</style>
<script language="JavaScript" type="text/javascript">
functionmenuChange()
{ var src;
  varsubId;
  src=window.event.srcElement;
  if(src.className=="menu")  //判断是否单击了某菜单项
  {subId="sub"+src.id;
    if(document.all(subId).style.display=="none")//如没有显示子菜单,则显示
    {   document.all(subId).style.display="";   }
    else  //如果已经显示子菜单,则折叠
    {   document.all(subId).style.display="none";   }
  }}
</script>
<bodyonClick="menuChange()">
<H3>单击一个菜单项可以打开或折叠菜单……</H3>
<span ID="menu1" CLASS="menu"> +菜单项 1</span>
<div ID=submenu1 STYLE="display:None">
<div CLASS="indent">
<ahref="http://somewhere.com" onmouseover="this.className='red'"
onmouseout="this.className=';'">子菜单项 1</a></br>
<ahref="http://somewhere.com" onmouseover="this.className='red'"
onmouseout="this.className=';'">子菜单项 2</a></br>
</div></div><br>
<span ID="menu2" CLASS="menu"> +菜单项 2</span>
<div ID=submenu2 STYLE="display:None">
<div CLASS="indent">
```

< a href = " http://somewhere. com" onmouseover = " this. className ='red'"
onmouseout = " this. className ='';" > 子菜单项 1 </a ></br >< a
href = " http://somewhere. com" onmouseover = " this. className ='red'"
onmouseout = " this. className ='';" > 子菜单项 2 </a ></br >< a
href = " http://somewhere. com" onmouseover = " this. className ='red'"
onmouseout = " this. className ='';" > 子菜单项 3 </a ></br >
</div ></div >< br >
</body ></html >

图 4-21 折叠菜单

例 4-7 级联菜单效果。运行结果如图 4-22 所示。

< html >< head >
< meta http - equiv = " Content - Type" content = " text/html;charset = utf - 8" />
< title ></title >
< style type = " text/css" >
ul {
margin:0;
padding:0;
list - style:none;
width:130px;
border - bottom:1px solid #ccc;
font - size:12px;}
ul li{ position:relative;}
li ul{
position:absolute;
left:129px;
top:0;
display:none;}
ul li a{
display:block;
text - decoration:none;
color:#777;
background:#fff;
padding:5px;
border:1px solid #ccc;

```
border - bottom:0;}
/ * 下面两行解决 UL 在 IE 中显示不正确问题 */
* html ul li{ float:left;height:1% ;}
* html ul li a{ height:1% ;}
li:hover ul,li. over ul{ display:block;}
</style >
< script type = "text/javascript" ><!--// --><![CDATA[//><!--
startList = function( ){
if( document. all&&document. getElementById){
navRoot = document. getElementById( "nav" );
for( i = 0;i < navRoot. childNodes. length;i ++ ){
node = navRoot. childNodes[ i];
if( node. nodeName == "LI" ){
node. onmouseover = function( ){
this. className += " over";
}
node. onmouseout = function( ){
this. className = this. className. replace( " over"," " );}
}}}
}
window. onload = startList;
// --><! ]]></script >
</head >
< body >
< ul id = "nav" >
< li >< ahref = "#" >CSS 布局 </a >
< ul >< li >< ahref = "#" >一栏式布局 </a >  </li >
< li >< ahref = "#" >二栏式布局 </a ></li >
< li >< ahref = "#" >三栏式布局 </a ></li >
< li >< ahref = "#" >组合式布局 </a ></li ></ul >
</li >
< li >< ahref = "#" >CSS 页面元素 </a >
< ul >< li >< ahref = "#" >导航 </a ></li >
< li >< ahref = "#" >背景 </a ></li >
< li >< ahref = "#" >列表 </a ></li >
< li >< ahref = "#" >Form 表单 </a ></li >
< li >< ahref = "#" >字体样式 </a ></li >
< li >< ahref = "#" >图片样式 </a ></li >
< li >< ahref = "#" >链接样式控制 </a ></li >
</ul ></li >
< li >< ahref = "#" >排版 </a >
< ul >< li >< ahref = "#" >文本 </a ></li >
< li >< ahref = "#" >图文 </a ></li >
```

```
< li > < ahref = "#" > 全图 </a></li >
< li > < ahref = "#" > 混合排版 </a></li></ul >
</li></ul>  </body >
</html >
```

图 4-22   级联菜单效果

例 4-8   jQuery 图片滚动切换效果，可自动滚动，也可单击两侧的按钮滚动切换。显示效果如图 4-23 所示。

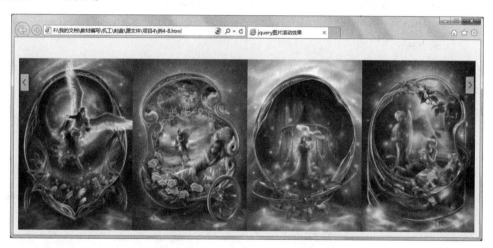

图 4-23   jQuery 图片滚动效果

1）HTML 代码如下：

```
< !DOCTYPE html PUBLIC " -//W3C//DTD XHTML 1. 0 Transitional//EN" "http://www. w3. org/
TR/xhtml1/DTD/xhtml1 - transitional. dtd" >
< htmlxmlns = "http://www. w3. org/1999/xhtml" >
< head >< title >jquery 图片滚动效果 </title >
< style type = "text/css" >
    body
    {
        background - color:#e9f8f0;
    }
        #fra
```

```css
        {
            width:100%;
            margin:0px;
            padding:0px;
            height:80%;
        }
        #zsximg
        {
            width:100%;
            height:100%;
        }
        @media screen and( - webkit - min - device - pixel - ratio:0){ #fra{height:100% ;}}
</style>
<script src = "js/jquery. min. js" type = "text/javascript" ></script>
<link type = "text/css" href = "css/zzsc. css" rel = "stylesheet" />
<script type = "text/javascript" src = "js/jquery - 1. 4. 4. min. js" ></script>
<script type = "text/javascript" src = "js/zzsc. js" ></script>
    <meta http - equiv = "Content - Type" content = "text/html;charset = gb2312" />
    </head>
    <body>
    <div style = "width:1120px;height:409px;margin:0 auto;    margin - top:50px;" >
    <div class = "box" >
        <div class = "picbox" >
            <ul class = "piclist mainlist" >
                <li ><a href = "http://jpk011. tgc. edu. cn" target = "_blank" ><img src = "ima-
ges/m1. jpg" width = "280" height = "409" /></a></li >
                <li ><a href = "#" target = "_blank" ><img src = "images/m2. jpg" /></a></li >
                <li ><a href = "#" target = "_blank" ><img src = "images/m3. jpg" /></a></li >
                <li ><a href = "#" target = "_blank" ><img src = "images/m4. jpg" /></a></li >
                <li ><a href = "#" target = "_blank" ><img src = "images/m5. jpg" /></a></li >
                <li ><ahref = "#" target = "_blank" ><img src = "images/m6. jpg" /></a></li >
                <li ><a href = "#" target = "_blank" ><img src = "images/m7. jpg" /></a></li >
                <li ><a href = "#" target = "_blank" ><img src = "images/m8. jpg" /></a></li >
            </ul >
            <ul class = "piclist swaplist" ></ul >
        </div >
        <div class = "og_prev" ></div >
        <div class = "og_next" ></div >
    </div >
    </div >
    </body >
</html >
```

184

2）zzsc. css 代码如下：

```css
body,ul,li{ padding:0;margin:0;}
ul,li{ list-style:none;}
img{ border:none;}
a{ color:#6cf;}
a:hover{ color:#84B263;}
. box{ width:1120px;margin:0 auto;position:relative;overflow:hidden;_height:100%;}
. picbox{ width:1120px;height:409px;overflow:hidden;position:relative;}
. piclist{
    height:409px;
    position:absolute;
    left:0px;
    top:0px
}
. piclist li{ background:#eee;    padding:0px;float:left;}
. swaplist{ position:absolute;left:-2240px;top:0px}
. og_prev,. og_next{ width:30px;height:50px;background:url(../images/icon. png) no-repeat;back-
ground:url(../images/icon_ie6. png) no-repeat \9;position:absolute;top:33px;z-index:99;cursor:
pointer;filter:alpha( opacity=70);opacity:0. 7;}
. og_prev{ background-position:0 -60px;left:4px;}
. og_next{ background-position:0 0;right:4px;}
```

3）zzsc. js 代码如下：

```js
$ (document). ready(function( e){
    /*** 不需要自动滚动,去掉即可 ***/
    time = window. setInterval(function( ){
        $ ('. og_next'). click( );
    },5000);
    /*** 不需要自动滚动,去掉即可 ***/
    linum = $ ('. mainlist li'). length;//图片数量
    w = linum * 280;//ul 宽度
    $ ('. piclist'). css('width',w +'px');//ul 宽度
    $ ('. swaplist'). html( $ ('. mainlist'). html( ));//复制内容
    $ ('. og_next'). click(function( ){
        if( $ ('. swaplist,. mainlist'). is(':animated')){
            $ ('. swaplist,. mainlist'). stop( true,true);
        }
        if( $ ('. mainlist li'). length >4){//多于 4 张图片
            ml = parseInt( $ ('. mainlist'). css('left'));//默认图片 UL 位置
            sl = parseInt( $ ('. swaplist'). css('left'));//交换图片 UL 位置
            if( ml <= 0 && ml >w * -1){//默认图片显示时
                $ ('. swaplist'). css({left:'1120px'});//交换图片放在显示区域右侧
                $ ('. mainlist'). animate({left:ml-1120 +'px'},'slow');//默认图片滚动
                if( ml == ( w-1120) * -1){//默认图片最后一屏时
```

```javascript
                $('.swaplist').animate({left:'0px'},'slow');//交换图片滚动
            }
        }else{//交换图片显示时
            $('.mainlist').css({left:'1120px'})//默认图片放在显示区域右
            $('.swaplist').animate({left:sl-1120+'px'},'slow');//交换图片滚动
            if(sl==(w-1120)*-1){//交换图片最后一屏时
                $('.mainlist').animate({left:'0px'},'slow');//默认图片滚动
            }
        }
    }
})
$('.og_prev').click(function(){
    if($('.swaplist,.mainlist').is(':animated')){
        $('.swaplist,.mainlist').stop(true,true);
    }
    if($('.mainlist li').length>4){
        ml=parseInt($('.mainlist').css('left'));
        sl=parseInt($('.swaplist').css('left'));
        if(ml<=0 && ml>w*-1){
            $('.swaplist').css({left:w*-1+'px'});
            $('.mainlist').animate({left:ml+1120+'px'},'slow');
            if(ml==0){
                $('.swaplist').animate({left:(w-1120)*-1+'px'},'slow');
            }
        }else{
            $('.mainlist').css({left:(w-1120)*-1+'px'});
            $('.swaplist').animate({left:sl+1120+'px'},'slow');
            if(sl==0){
                $('.mainlist').animate({left:'0px'},'slow');
            }
        }
    }
})
});

$(document).ready(function(){
    $('.og_prev,.og_next').hover(function(){
        $(this).fadeTo('fast',1);
    },function(){
        $(this).fadeTo('fast',0.7);
    })
})
```

项目 5　网页制作综合实训

知识技能目标

- 掌握 HTML 代码设计网页结构和内容的技能
- 掌握使用 CSS 控制网页外观的技能
- 掌握设计 JavaScript 网页脚本效果的技能
- 掌握综合运用网页制作技术、整合各种效果、完成整体网站设计的能力

本项目结合一个鲜花销售网站作为蓝本，通过五个任务完成网站几个主要页面静态模板的综合设计。

任务 5.1　鲜花销售网站首页的制作

5.1.1　任务分析

本任务设计制作一个鲜花销售网站首页的静态模板。

5.1.2　页面结构分析

1. 页面效果

页面效果图如图 5-1 所示。

2. 布局分析

页面采用上下布局，突出主题。页面布局结构如图 5-2 所示。

5.1.3　任务实施

1）新建网站根目录，将图片素材 images 目录复制粘贴到网站目录下。新建一个 style 子目录，在其中创建一个样式文件 css. css。本网站还用到了 jQuery 效果，将其使用的样式文件 lanren. css 复制粘贴到 style 子目录中，并将脚本素材 js 目录复制粘贴到网站目录中。

2）在网站根目录中新建一个名为 index. html 的网页文档，在 HTML 文档头部添加以下代码来附加脚本文件和样式文件：

```
< link rel = "stylesheet"  media = "screen"  href = "style/lanren. css"/ >
< link href = "style/css. css" rel = "stylesheet" type = "text/css"/ >
< script src = "js/jquery. min. js" > </script >
< script src = "js/lanrenzhijia. js" > </script >
< script src = "js/jquery. sequence－min. js" > </script >
< script src = "js/sequencejs－options. modern－slide－in. js" > </script >
< script >
```

```
$(function() {
    scrolltotop. offset(5,120);scrolltotop. init();
});
</script>
```

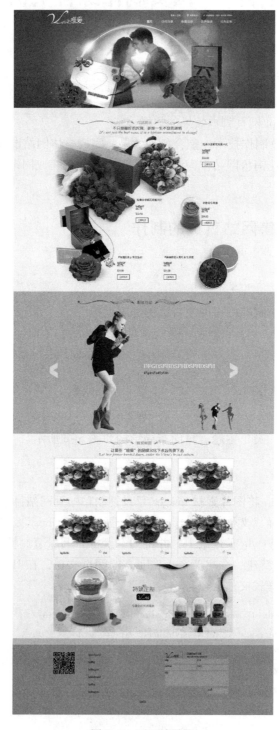

图 5-1　页面效果图

banner
zpzs（作品展示）
fshd（图片切换）
wawy（唯爱物语）
tsdz（特殊定制）
bottom

图 5-2　页面布局结构图

3）在 css.css 文档中添加以下样式代码：

```
* {
    margin:0;padding:0;border:0;
}
body{

    background - color:#f3f3f3; font - size:12px; color:#19181c;

}
```

4）在 HTML 页面的 body 标记中添加以下代码，在页面右侧添加返回页面顶部的图标及顶部导航：

```
< div id = "topcontrol" style = "position: fixed; bottom: 120px; right: 100px; cursor: pointer; display:
none;" title = "返回页面顶部" >
    < img src = "images/top. png" width = "40" height = "40"/ >
</ div >
< div style = "width:100% ; height:466px; background - color:#605d70; background - image:url( ima-
ges/boby. jpg) ; background - repeat:repeat - x;" >
  < div id = "banner" >
    < div id = "login" >
      < a href = "#" target = "_blank" > < div class = "md1" > </div > </a >
      < a href = "#" target = "_blank" > < div class = "md2" > </div > </a >
      < a href = "#" target = "_blank" > < div class = "md3" > </div > </a >
    < div class = "md4" > </div >
      < a href = "vlove2. html" > < div class = "md5" > </div > </a >
      < a href = "vlove3. html"  > < div class = "md6" > </div > </a >
      < a href = "vlove4. html"  > < div class = "md7" > </div > </a >
      < a href = "vlove5. html"  > < div class = "md8" > </div > </a >
    </ div >
  </ div > </ div >
```

5）在 css. css 中添加以下样式代码。页面顶部效果如图 5-3 所示。

```
#banner{
padding-top:20px;width:1001px;height:446px;margin:0 auto;
background-image:url(../images/bg11.jpg);background-repeat:no-repeat;
}
#login{
height:46px;width:423px;margin-left:505px;float:left;
}
.md1{
width:25px;height:12px;margin-left:118px;float:left;
}
.md2{
float:left;width:25px;height:12px;margin-left:5px;
}
.md3{
float:left;width:60px;height:12px;margin-left:20px;margin-bottom:8px;
}
.md4{
clear:both;width:33px;height:15px;margin-left:4px;margin-top:8px;float:left;
}
.md5{
float:left;width:60px;height:15px;margin-left:38px;margin-top:8px;
}
.md6{
float:left;width:60px;height:15px;margin-left:35px;margin-top:8px;
}
.md7{
float:left;width:60px;height:15px;margin-left:35px;margin-top:8px;
}
.md8{
float:left;width:60px;height:15px;margin-left:35px;margin-top:8px;
}
```

图 5-3　效果图（1）

6）在上述 Div 后面添加名为 box 的 Div，并在其中插入相应 Div（作品展示），代码如下：

```
< div id = " box" >
  < div id = " zpzs" >
    < div class = " sp1" >
      < img src = " images/sp01. jpg" width = " 129" height = " 21" / > < br/ > < br/ > hjdfgjdf < br/
>66776 < br/ > < br/ >$34. 00 < br/ > < br/ >
      < a href = " vlove6. html"  > < img src = " images/button. jpg" width = " 62" height = " 24" / >
</ a >
    </ div >
    < div class = " sp2" >
      < img src = " images/sp02. jpg" width = " 131" height = " 21" / > < br/ > < br/ > hjdfgjdf < br/ >
66776 < br/ > < br/ >$34. 00 < br/ > < br/ >
      < a href = " vlove6. html"  > < img src = " images/button. jpg" width = " 62" height = " 24"  / >
</ a >
    </ div >
    < div class = " sp3" >
      < img src = " images/sp03. jpg" width = " 87" height = " 21" / > < br/ > < br/ > hjdfgjdf < br/ >
66776 < br/ > < br/ >$34. 00 < br/ > < br/ >
      < a href = " vlove6. html"  > < img src = " images/button. jpg" width = " 62" height = " 24" / >
</ a >
    </ div >
    < div class = " sp4" >
      < img src = " images/sp04. jpg" width = " 128" height = " 21" / > < br/ > < br/ > hjdfgjdf < br/
>66776 < br/ > < br/ >$34. 00 < br/ > < br/ >
      < a href = " vlove6. html"  > < img src = " images/button. jpg" width = " 62" height = " 24" / >
</ a >
    </ div >
    < div class = " sp5" >
      < img src = " images/sp05. jpg" width = " 152" height = " 21" / > < br/ > < br/ > hjdfgjdf < br/
>66776 < br/ > < br/ >$34. 00 < br/ > < br/ >
      < a href = " vlove6. html"  > < img src = " images/button. jpg" width = " 62" height = " 24"  / >
</ a >
    </ div >
  </ div > </ div >
```

7）在 css. css 文档中加入以下样式代码，显示效果如图 5-4 所示。

```
#box{
    width:1001px;margin:0 auto;
}
#zpzs{
    width:1001px;height:866px;background - image:url(.. /images/bg2. jpg);
```

```
        background - repeat:no - repeat;
}
. sp1 {
        width:158px;height:136px;float:left;margin - left:780px;margin - top:160px;
}
. sp2 {
        width:158px;height:136px;float:left;margin - left:460px;margin - top:128px;
}
. sp3 {
        width:158px;height:136px;float:left;margin - left:160px;margin - top:140px;
}
. sp4 {
        width:158px;height:136px;float:left;margin - left:370px;margin - top:120px;
}
. sp5 {
        width:158px;height:136px;float:left;margin - left:67px;margin - top:120px;
}
```

图 5-4　效果图（2）

8）在 box 后插入以下 Div，引入一个 jQuery 的图片切换效果。

　　< div style = "width:100% ; height:670px; background - color:#bfc0c2;" >

```
< div id = " fshd_title" > < img src = " images/fshd. jpg" width = " 1001" height = " 70"/ > < /div >
< div id = " fshd" >
< div class = " sequence – theme" >
        < div id = " sequence" >
            < img class = " sequence – prev" src = " images/bt – prev. png" alt = " Previous
Frame"/ >
            < img class = " sequence – next" src = " images/bt – next. png" alt = " Next Frame"/ >
            < ul class = " sequence – canvas" >
                < li class = " animate – in" >
                    < h2 class = " title" > hjdrgfe7wgtbehjvgdrg < /h2 >
                    < h3 class = " subtitle" > hjg78478g4gyu < /h3 >
                    < img class = " model" src = " images/model1. png" alt = " Model 1"/ >
                < /li >
                < li >
                    < h2 class = " title" > dfgdsfhdsfhdsfhdsfh < /h2 >
                    < h3 class = " subtitle" >45g4t45y45y54b < /h3 >
                    < img class = " model" src = " images/model2. png" alt = " Model 2"/ >
                < /li >
                < li >
                    < h2 class = " title" >45v4by54b4b < /h2 >
                    < h3 class = " subtitle" >67n6n5n5ub5 < /h3 >
                    < img class = " model" src = " images/model3. png" alt = " Model 3"/ >
                < /li >
            < /ul >
            < ul class = " sequence – pagination" >
                < li > < img src = " images/tn – model1. png" alt = " Model 1"/ > < /li >
                < li > < img src = " images/tn – model2. png" alt = " Model 2"/ > < /li >
                < li > < img src = " images/tn – model3. png" alt = " Model 3"/ > < /li >
            < /ul >
        < /div >
    < /div >
< /div >
< /div >
```

9）在 css. css 中添加以下样式，显示效果如图 5-5 所示。

```
#fshd_title{
    width:1001px;margin:0 auto;
}
#fshd{
    width:1001px;margin:0 auto;height:600px;
}
```

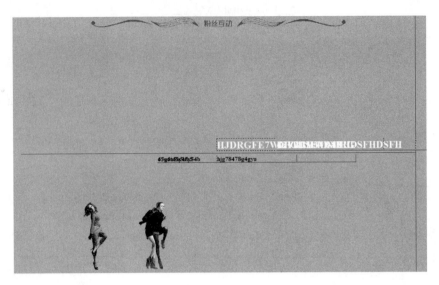

图 5-5　效果图（3）

10）在上述 Div 后面添加以下的 Div（唯爱物语和特殊定制）：

< div style = " width:100% ; background - color:#f3f3f3 ; " > < div style = " width:1001px ; margin:0 auto ; " >

< div id = " wawy_title " > < img src = " images/wawy. jpg " width = " 1001 " height = " 115 " / > </ div >

< div class = " wawy " style = " margin - left:68px ; " >

< div class = " wawy_pic " > < a href = " # " target = " _blank " > < img src = " images/test. jpg " width = " 268 " height = " 168 " / > </ a > </ div >

< div class = " wawy_text " > < span style = " margin - left:30px ; " > hgdhsfhs </ span > < a href = " # " target = " _blank " > < img src = " images/hand. jpg " width = " 19 " height = " 22 " style = " margin - left:140px ; margin - top:10px ; " / > </ a > < span style = " margin - left:5px ; " > 234 </ span > </ div >

</ div >

< div class = " wawy " >

< div class = " wawy_pic " > < a href = " # " target = " _blank " > < img src = " images/test. jpg " width = " 268 " height = " 168 " / > </ a > </ div >

< div class = " wawy_text " > < span style = " margin - left:30px ; " > hgdhsfhs </ span > < a href = " # " target = " _blank " > < img src = " images/hand. jpg " width = " 19 " height = " 22 " style = " margin - left:140px ; margin - top:10px ; " / > </ a > < span style = " margin - left:5px ; " > 234 </ span > </ div >   </ div >

< div class = " wawy " >

< div class = " wawy_pic " > < a href = " # " target = " _blank " > < img src = " images/test. jpg " width = " 267 " height = " 168 " / > </ a > </ div >

< div class = " wawy_text " > < span style = " margin - left:30px ; " > hgdhsfhs </ span > < a href = " # " target = " _blank " > < img src = " images/hand. jpg " width = " 19 " height = " 22 " style = " margin - left:140px ; margin - top:10px ; " / > </ a > < span style = " margin - left:5px ; " > 234 </ span > </ div >

</ div >

```html
< div class = " wawy" style = " margin − left:68px;" >
    < div class = " wawy_pic" > < a href = " #" target = " _blank" > < img src = " images/test. jpg"
width = "268" height = "169"/ > </ a > </ div >
    < div class = " wawy_text" > < span style = " margin − left:30px; " > hgdhsfhs </ span > < a href
= " #" target = " _blank" > < img src = " images/hand. jpg" width = "19" height = "22" style = " margin
− left:140px;margin − top:10px;"/ > </ a > < span style = " margin − left:5px;" > 234 </ span > </
div >    </ div >
    < div class = " wawy" >
    < div class = " wawy_pic" > < a href = " #" target = " _blank" > < img src = " images/test. jpg"
width = "268" height = "169"/ > </ a > </ div >
    < div class = " wawy_text" > < span style = " margin − left:30px; " > hgdhsfhs </ span > < a href
= " #" target = " _blank" > < img src = " images/hand. jpg" width = "19" height = "22" style = " margin
− left:140px;margin − top:10px;"/ > </ a > < span style = " margin − left:5px;" > 234 </ span > </
div >    </ div >
    < div class = " wawy" >
    < div class = " wawy_pic" > < a href = " #" target = " _blank" > < img src = " images/test. jpg"
width = "267" height = "169"/ > </ a > </ div >
    < div class = " wawy_text" > < span style = " margin − left:30px; " > hgdhsfhs </ span > < a href
= " #" target = " _blank" > < img src = " images/hand. jpg" width = "19" height = "22" style = " margin
− left:140px;margin − top:10px;"/ > </ a > < span style = " margin − left:5px;" > 234 </ span > </
div >    </ div >
    < div class = " tsdz" > < a href = " #" target = " _blank" > < img src = " images/tsdz. jpg" width = "
869" height = "320"/ > </ a > </ div > </ div > </ div >
```

11）在 css. css 中添加以下样式，显示效果如图 5-6 所示。

```css
. wawy{
    width:268px;height:218px;float:left;
    margin − right:30px;margin − bottom:30px;border:1px solid #dadada;
}
. wawy_title{
    margin − bottom:20px;height:135px;
}
. wawy_text{
    width:268px;height:50px;border − top − color:1px solid #dadada;
}
. tsdz{
    width:1001px;text − align:center;margin − bottom:30px;
}
```

12）在上述 Div 后面加入 class 名为 bottom_top 的 Div，并设置样式如下：

```css
. bottom_top{
    width:100% px;height:30px;background − color:#ccc;
}
```

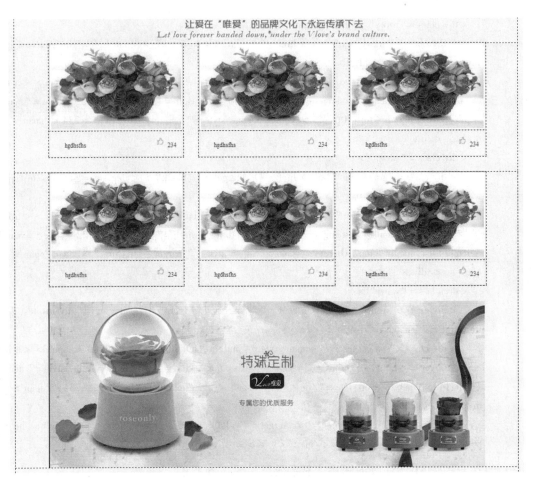

图 5-6　效果图（4）

13）在 bottom_top 后添加名为 bottom 的 Div，用来设置版权、地址、联系方式等信息：

```
< div class = " bottom " >
  < div class = " bottom3 " >
    < div class = " bottom1 " >
      < div class = " bottom_left " > < img src = " images/rwm. jpg " width = " 107 " height = " 111 " / >
</div >
      < div class = " bottom_middle " > hjhdsfhjadsf < br/ > hjdfhg < br/ > hdfhugyus < br/ > hjhdsfh-
jadsf < br/ > hjdfhg < br/ > hdfhugyus < br/ > </div >
      < div class = " bottom_right " >
        < div class = " logo2 " > < img src = " images/logo2. jpg " width = " 214 " height = " 34 " / > </
div >
        < div class = " text1 " > sdg </div >
        < div class = " text1 " > cvb </div >
        < div class = " text1 " > cxvbxc </div >
        < div class = " text1 " >34t3 </div >
        < div class = " text2 " > dfg </div >
```

196

```
            < div class = " text3 " > xcfb </div >
         </div >
      </div >
    < div class = " bottom2 " > fghdfh </div >
      </div >
   </div >
```

14) 在 css. css 中设置样式如下, 效果如图 5-7 所示。

```
. bottom {
     width : 100% ; height : 348px ; background – color : #a0a1a5 ;
}
. bottom3 {
     width : 1001px ; margin : 0  auto ;
}
. bottom_left {
     float : left ; margin – left : 65px ; margin – top : 30px ; width : 107px ; height : 111px ;
}
. bottom_middle {
     line – height : 35px ; float : left ; margin – left : 65px ; margin – top : 30px ; width : 300px ;
}
. bottom_right {
     float : left ; margin – left : 65px ; margin – top : 30px ; width : 320px ; height : 111px ;
}
. bottom2 {
     clear : left ; padding – top : 20px ; text – align : center ; margin : 0  auto ;
     width : 869px ; height : 80px ; border – top : 1px solid #464749 ;
}
. text1 {
     float : left ; margin – left : 5px ; margin – bottom : 5px ;
     width : 152px ; height : 25px ; background – color : #adadad ;
}
. text2 {
     float : left ; margin – left : 5px ; margin – bottom : 10px ;
     width : 310px ; height : 70px ; background – color : #adadad ;
}
. text3 {
     clear : left ; margin – left : 215px ; margin – bottom : 5px ;
     width : 100px ; height : 25px ; background – color : #adadad ;
}
```

15) 鲜花销售网站首页制作完成。

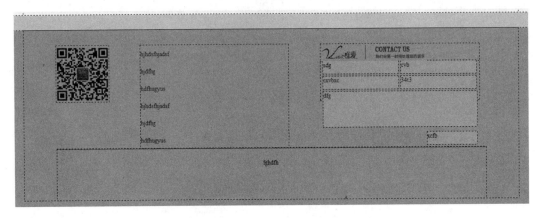

图5-7 效果图（5）

任务5.2 鲜花销售网站分页（适用场景）的制作

5.2.1 任务分析

本任务进行鲜花销售网站"适用场景"分页面静态模板的设计制作。

5.2.2 页面结构分析

1. 页面效果

页面效果如图5-8所示。

2. 结构布局

本实例仍使用上下布局，中间细分成若干样式一致的Div，其中再采用左右布局，呈现鲜花商品。页面布局结构如图5-9所示。

5.2.3 任务实施

1）在网站根目录中新建一个vlove2. html页面，在style子目录中新建一个样式文件css2. css。

2）在vlove2. html头部添加一条link标记如下，以链接外部样式文件：

< link href = "style/css2. css" rel = "stylesheet" type = "text/css" / >

3）在样式表文件css2. css中添加以下代码，进行基本样式设置：

```
* {
    margin:0;padding:0;border:0;
}
body {

    background - color:#f3f3f3;font - size:12px;color:#19181c;
}
```

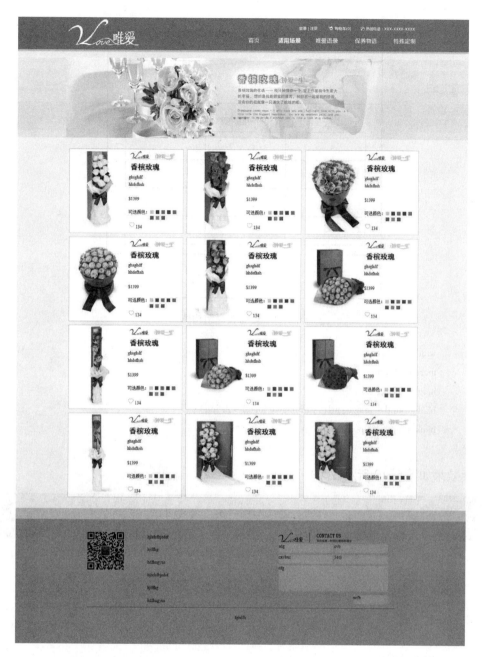

图5-8　页面效果图

4）在 body 中添加一个 id 名为 topframe 的 Div，样式如下：

```
#topframe{
    width:100%; height:92px;background-color:#88888a;
}
```

5）在 topframe 中添加一个 id 名为 top 的 Div，样式如下：

```
#top{
```

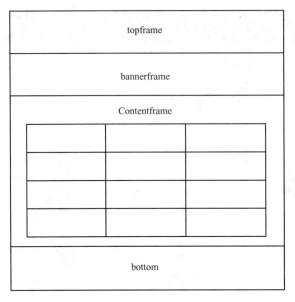

图 5-9　页面布局结构图

```
        width:1000px;
        margin:0 auto;
        height:92px;
        background - image:url(../images/logo2 - 2.jpg);
        background - repeat:no - repeat;
    }
```

显示效果如图 5-10 所示。

图 5-10　效果图（1）

6）在 top 中添加 id 名为 login 的 Div，样式如下：

```
    #login{
        height:50px;
        width:490px;
        margin - left:505px;
        float:left;
        margin - top:25px;
    }
```

7）在 login 中添加以下 HTML 代码：

```
    < a href = "#"  target = "_blank" > < div class = "md1" > </div > </a >
    < a href = "#"  target = "_blank" > < div class = "md2" > </div > </a >
    < a href = "#"  target = "_blank" > < div class = "md3" > </div > </a >
```

```
< a href = "index. html"  > < div class = "md4" > < /div > < /a >
< div class = "md5" > < /div >
< a href = "vlove3. html"  > < div class = "md6" > < /div > < /a >
< a href = "vlove4. html"  > < div class = "md7" > < /div > < /a >
< a href = "vlove5. html"  > < div class = "md8" > < /div > < /a >
```

8）在 css2. css 中添加以下样式，显示效果如图 5-11 所示。

```
. md1 {
    width:25px;height:12px;margin - left:150px;float:left;
}
. md2 {
    float:left;width:25px;height:12px;margin - left:5px;
}
. md3 {
    float:left;width:60px;height:12px;margin - left:32px;margin - bottom:8px;
}
. md4 {
    clear:both;width:33px;height:15px;margin - top:8px;margin - left:8px; float:left;
}
. md5 {
    float:left;width:65px;height:15px;margin - top:8px;margin - left:48px;
}
. md6 {
    float:left;width:65px;height:15px;margin - top:8px;margin - left:42px;
}
. md7 {
    float:left;width:65px;height:15px;margin - top:8px;margin - left:45px;
}
. md8 {
    float:left;width:65px;height:15px;margin - top:8px;margin - left:47px;
}
```

图 5-11　效果图（2）

9）在 topframe 后添加 id 名为 bannerframe 的 Div，样式如下：

```
#bannerframe {
    width:100% ;
    height:243px;
    background - image:url(. . /images/boby2. jpg) ;
    background - repeat:repeat - x;
```

}

10）在 bannerframe 中添加 id 名为 banner 的 Div，样式如下：

```
#banner{
    width:1000px;
    margin:0 auto;
    height:243px;
    background - image:url(../images/banner2 - 2.jpg);
    background - repeat:no - repeat;
}
```

显示效果如图 5-12 所示。

图 5-12　效果图（3）

11）在 bannerframe 后添加以下 Div：

```
<div style = "height:30px;width:100%" > </div >
```

12）在上述 Div 后添加 id 名为 contentframe 的 Div，样式如下：

```
#contentframe{
    width:100%;background - color:#f3f3f3;
}
```

13）在 contentframe 中添加 id 名为 content 的 Div，样式如下：

```
#content{
    width:1000px;margin:0 auto;
}
```

14）在 content 中添加 class 名为 sp 的 Div，样式如下：

```
.sp{
    width:320px;height:230px;float:left;border:1px solid #ccc;
    margin - left:10px;margin - bottom:10px;background - color:#fafafa;
}
```

显示效果如图 5-13 所示。

图 5-13　效果图（4）

15）在 sp 中添加 class 名为 left 的 Div，样式如下：

```
. left {
    float:left;
}
```

16）在 left 中添加以下代码：

```
< a href = "#" target = "_blank" > < img src = "images/pic2 - 1. jpg" width = "167" height = "225" /
> </a>
```

17）在 left 后添加 class 名为 right 的 Div，样式如下：

```
. right {
    float:left;
}
```

18）在 right 中添加 class 名为 logo2 - 3 的 Div，在 logo2 - 3 中插入图片 images/logo2 -
3. jpg，效果显示如图 5-14 所示。

图 5-14　效果图（5）

19）在 logo2 – 3 后添加 class 名为 xsmg 的 Div，样式如下，并在 xsmg 中输入文字"香槟玫瑰"，显示效果如图 5–15 所示。

```
.xsmg{
    width:135px;
    padding – left:5px;
    height:33px;
    font – family:"黑体";
    font – size:20px;
    line – height:33px;
    font – weight:bold;
}
```

20）在 xsmg 后添加以下 HTML 代码：

```
<div class = "text11">ghsghdf<br/>hhdsfhsh<br/><br/>$1399</div>
<div class = "text22">可选颜色：</div>
```

21）为 text11 和 text22 设置样式如下，显示效果如图 5–16 所示。

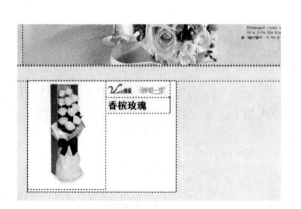

图 5–15　效果图（6）

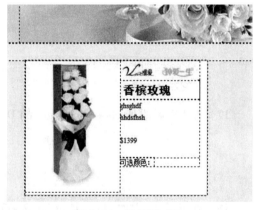

图 5–16　效果图（7）

```
.text11{
    line – height:20px;height:100px;
}
.text22{
    float:left;
}
```

22）在 text22 后添加 class 名为 setcolor 的 Div，样式如下：

```
.setcolor{
    float:left;width:80px;height:30px;
}
```

23）在 setcolor 中添加 8 个图片链接，HTML 代码如下：

204

```
< a href = "#" target = "_blank" > < img src = "images/color1. jpg" width = "12" height = "12"/
> </a > < a href = "#" target = "_blank" > < img src = "images/color2. jpg" width =
"12"/ > </a > < a href = "#" target = "_blank" > < img src = "images/color3. jpg" width = "12"
height = "12"/ > </a > < a href = "#" target = "_blank" > < img src = "images/color4. jpg" width =
"12" height = "12"/ > </a > < a href = "#" target = "_blank" > < img src = "images/color5. jpg"
width = "12" height = "12"/ > </a > < a href = "#" target = "_blank" > < img src = "images/
color6. jpg" width = "12" height = "12"/ > </a > < a href = "#" target = "_blank" > < img src = "ima-
ges/color7. jpg" width = "12" height = "12"/ > </a > < a href = "#" target = "_blank" > < img src =
"images/color8. jpg" width = "12" height = "12"/ > </a >
```

显示效果如图 5-17 所示。

24）为 setcolor 中的图片设置以下样式，调整色块图片之间的距离，显示效果如图 5-18
所示。

图 5-17　效果图（8）

图 5-18　效果图（9）

```
. setcolor img{
    margin - right:4px;margin - bottom:4px;
}
```

25）在 setcolor 后插入 class 名为 xing 的 Div，样式如下：

```
. xing{
    clear:left;
}
```

26）在 xing 中插入链接图片及相应文字的 HTML 代码如下，显示效果如图 5-19 所示。

```
< a href = "#" target = "_blank" > < img src = "images/xing. jpg" width = "20" height = "21"/ > </a
>134
```

27）仿第 14）~26）步，在第一个 sp 后再添加 11 个结构相同而名称为 sp 的 Div（可通
过复制结构后改内容的方法完成），显示效果如图 5-20 所示。

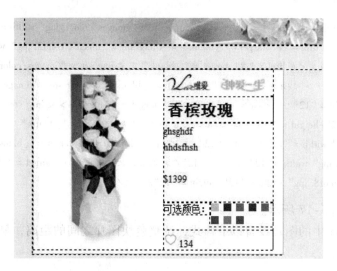

图 5-19　效果图（10）

图 5-20　效果图（11）

28）页面底部与首页底部的制作过程相同，即在 contentframe 后面添加以下代码：

```
< div style = " clear:left;height:20px; width:100% " > </div > < div class = "bottom_top" > </div >
< div class = "bottom" >
< div class = "bottom3" >
< div class = "bottom1" >
< div class = "bottom_left" > < img src = "images/rwm. jpg" width = "107" height = "111"/ >
</div >
< div class = " bottom_middle" > hjhdsfhjadsf < br/ > hjdfhg < br/ > hdfhugyus < br/ > hjhdsfh-
```

```
jadsf < br/ > hjdfhg < br/ > hdfhugyus < br/ > </div >
      < div class = "bottom_right" >
         < div class = "logo2" > < img src = "images/logo2. jpg" width = "214" height = "34"/ > </div >
         < div class = "text1" > sdg </div >
         < div class = "text1" > cvb </div >
         < div class = "text1" > cxvbxc </div >
         < div class = "text1" > 34t3 </div >
         < div class = "text2" > dfg </div >
         < div class = "text3" > xcfb </div >
      </div >        </div >
      < div class = "bottom2" > fghdfh </div >
   </div >     </div >
```

29) 在 css2. css 样式表中添加以下样式代码：

```
. bottom_top {
     width:100% px;height:30px;background - color:#ccc;
}
. bottom {
     width:100% ;height:348px;background - color:#a0a1a5;
}
. bottom3 {
     width:1001px;margin:0 auto;
}
. bottom_left {
     float:left;margin - left:65px;margin - top:30px;width:107px;height:111px;
}
. bottom_middle {
     line - height:35px;float:left;margin - left:65px;margin - top:30px;width:300px;
}
. bottom_right {
     float:left;margin - left:65px;margin - top:30px;width:320px;height:200px;
}
. bottom2 {
     clear:left;padding - top:20px;text - align:center;margin:0 auto;
     width:869px;height:80px;border - top:1px solid #666;
}
. text1 {
     float:left;margin - left:5px;margin - bottom:5px;
     width:152px;height:25px;background - color:#adadad;
}
. text2 {
     float:left;margin - left:5px;margin - bottom:10px;
     width:310px;height:70px;background - color:#adadad;
```

```
        }
. text3 {
        clear:left;margin - left:215px;margin - bottom:5px;
        width:100px;height:25px;background - color:#adadad;
}
```

30）制作完成，显示效果如图 5-8 所示。

任务 5.3　鲜花销售网站分页（唯爱语录）的制作

5.3.1　任务分析

本任务进行鲜花销售网站"唯爱语录"分页面静态模板的设计制作，实际应用时会结合 jQuery 产生瀑布流式图像墙的展示效果。

5.3.2　页面结构分析

1. 页面效果
页面效果如图 5-21 所示。

2. 页面结构分析
整个页面使用了上中下布局，但中部又分成上下结合左右布局的形式，如图 5-22 所示。

5.3.3　任务实施

1）在网站根目录中新建一个 vlove3. html 页面，在 style 子目录中新建一个样式文件 css3. css。

2）在 vlove3. html 头部添加一条 link 标记如下，以链接外部样式文件：

```
< link href = "style/css3. css" rel = "stylesheet" type = "text/css"/ >
```

3）在 css3. css 中添加基本样式代码如下：

```
* {
        margin:0;padding:0;border:0;
}
body {

        background - color:#f3f3f3;font - size:12px;color:#19181c;

}
```

4）在 body 中添加 id 名为 top 的 Div，样式如下：

```
#top {
        width:100% ;height:115px;background - image:url(../images/topbg3. jpg);
        background - repeat:repeat - x;

}
```

5）在 top 中添加 id 名为 login 的 Div，样式如下，显示效果如图 5-23 所示。

图 5-21　页面效果图

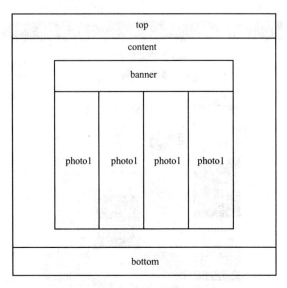

图 5-22　页面布局结构图

图 5-23　效果图（1）

```
#login{
    width:1000px;margin:0 auto;height:115px;
    background - image:url(../images/p3_r1_c1_s1.jpg);    background - repeat:no - repeat;
}
```

6）在 login 中添加以下 HTML 代码：

```
< a href = "#" target = "_blank" > < div class = "md1" > < /div > < /a >
< a href = "#" target = "_blank" > < div class = "md2" > < /div > < /a >
< a href = "#" target = "_blank" > < div class = "md3" > < /div > < /a >
< a href = "index. html" > < div class = "md4" > < /div > < /a >
< a href = "vlove2. html" > < div class = "md5" > < /div > < /a >
< div class = "md6" > < /div >
< a href = "vlove4. html" > < div class = "md7" > < /div > < /a >
< a href = "vlove5. html" > < div class = "md8" > < /div > < /a >
```

7）在 css3. css 中添加以下样式：

```
. md1{
    width:25px;height:12px;margin - left:650px;float:left;margin - top:26px;
}
. md2{
    float:left;width:25px;height:12px;margin - top:26px;margin - left:5px;
}
```

```
.md3{
    float:left;margin−top:26px;width:60px;height:12px;
    margin−left:32px;margin−bottom:8px;
}
.md4{
    clear:both;width:33px;height:15px;margin−top:8px;margin−left:535px;float:left;
}
.md5{
    float:left;width:60px;margin−top:8px;height:15px;margin−left:40px;
}
.md6{
    float:left;width:65px;height:15px;margin−top:8px;margin−left:35px;
}
.md7{
    float:left;width:65px;height:15px;margin−top:8px;margin−left:35px;
}
.md8{
    float:left;width:65px;height:15px;margin−top:8px;margin−left:32px;
}
```

8）在 top 后添加 id 名为 content 的 Div，样式如下：

```
#content{
    width:1000px;margin:0 auto;text−align:center;
}
```

9）在 content 中添加 id 名为 banner 的 Div，样式如下，显示效果如图 5-24 所示。

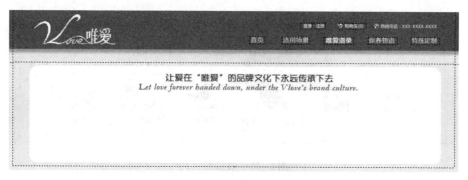

图 5-24　效果图（2）

```
#banner{
    padding−left:60px;width:940px;height:227px;
    background−image:url(../images/banner3.jpg);background−repeat:no−repeat;
}
```

10）在 banner 中添加以下 HTML 代码：

< div class = " pic" > < a href = " #" onmouseout = " MM_swapImgRestore( )" onmouseover = " MM_
swapImage('Image6','','images/ban3_12. jpg',1)" > < img src = " images/ban3_11. jpg" width =
"91" height = "122" id = "Image6"/ > </a > </div >

　　< div class = " pic" > < a href = " #" onmouseout = " MM_swapImgRestore( )" onmouseover = " MM
_swapImage('Image7','','images/ban3_22. jpg',1)" > < img src = " images/ban3_21. jpg" width =
"90" height = "122" id = "Image7"/ > </a > </div >

　　< div class = " pic" > < a href = " #" onmouseout = " MM_swapImgRestore( )" onmouseover = " MM
_swapImage('Image8','','images/ban3_32. jpg',1)" > < img src = " images/ban3_31. jpg" width =
"145" height = "122" id = "Image8"/ > </a > </div >

　　< div class = " pic" > < a href = " #" onmouseout = " MM_swapImgRestore( )" onmouseover = " MM
_swapImage('Image9','','images/ban3_42. jpg',1)" > < img src = " images/ban3_41. jpg" width =
"95" height = "122" id = "Image9"/ > </a > </div >

　　< div class = " pic" > < a href = " #" onmouseout = " MM_swapImgRestore( )" onmouseover = " MM
_swapImage('Image10','','images/ban3_52. jpg',1)" > < img src = " images/ban3_53. jpg" width =
"118" height = "122" id = "Image10"/ > </a > </div >

　　< div class = " pic" > < a href = " #" onmouseout = " MM_swapImgRestore( )" onmouseover = " MM
_swapImage('Image11','','images/ban3_62. jpg',1)" > < img src = " images/ban3_65. jpg" width =
"94" height = "122" id = "Image11"/ > </a > </div >

11）在 css3. css 中添加以下样式代码，产生的导航效果如图 5-25 所示。

```
. pic{
    float:left;
    height:122px;
    margin - top:80px;
    margin - left:35px;
}
```

图 5-25　效果图（3）

12）在 banner 后添加以下 HTML 代码，产生两个 Div。

```
< div style = " width:100% ; height:30px;" > </div >
< div id = " photowall" > </div >
```

13）在样式表中添加以下样式代码：

```
#photowall{
    padding - left:40px;width:960px;margin:0 auto;
```

    }

14）在 photowall 中添加 class 名为 photo1 的 Div，样式如下：

.photo1{
float:left;width:211px;margin-left:15px;
}

15）在 photo1 中添加 class 名为 photo11 的 Div，样式如下，显示效果如图 5-26 所示。

图 5-26　效果图（4）

.photo11{
    border:1px solid #ccc;width:211px;
}

16）在 photo11 后添加 class 名为 photo111 的 Div，其中输入文本"浪漫七夕爱情"，并设置其样式如下：

.photo111{
    border:1px solid #ccc;
    width:211px;
    height:35px;
    font-family:"黑体";
    font-size:14px;
    font-weight:bold;
    line-height:32px;
}

17）在 photo111 后添加 class 名为 photolink 的 Div，设置其样式如下：

.photolink{
    width:211px;
    height:30px;
    margin-bottom:10px;
    background-color:#eee;
    border-bottom:1px solid #ccc;
    border-left:1px solid #ccc;

border – right:1px solid #ccc;

}

18）在 photolink 中添加以下 HTML 代码，加入图片及文字链接，显示效果如图 5-27所示。

图 5-27　效果图（5）

< div style = "float:left;" > < a href = "#" > < img src = "images/download. jpg" width = "19" height = "22"/ > </a > </div >

< div style = "float:left; line – height:30px;" >查看 18712 次 </div >

< div style = "float:left; margin – left:40px;" > < a href = "#" > < img src = "images/sc. jpg" width = "15" height = "22"/ > </a > </div >

< div style = "float:left;　line – height:30px;" >收藏 692 次 </div >

19）参照第 14）~18）步的方法，在前面的 photolink 后添加其他图片和文字链接，即添加以下 HTML 代码，整列的显示效果如图 5-28 所示。

< div class = "photo11" > < a href = "#" > < img src = "images/r1_r3_c1_s1. jpg" width = "211" height = "303"/ > </a >

</div > < div class = "photo111" >浪漫七夕爱情 </div >

< div class = "photolink" >

< div style = "float:left;" > < a href = "#" > < img src = "images/download. jpg" width = "19" height = "22"/ > </a > </div >

< div style = "float:left; line – height:30px;" >查看 18712 次 </div >

< div style = "float:left; margin – left:40px;" > < a href = "#" > < img src = "images/sc. jpg" width = "15" height = "22"/ > </a > </div >

< div style = "float:left;　line – height:30px;" >收藏 692 次 </div >

</div >

< div class = "photo11" > < a href = "#" > < img src = "images/r1_r5_c1_s1. jpg" width = "211" height = "198"/ > </a >

</div > < div class = "photo111" >浪漫七夕爱情 </div >

< div class = "photolink" >

< div style = "float:left;" > < a href = "#" > < img src = "images/download. jpg" width = "19"

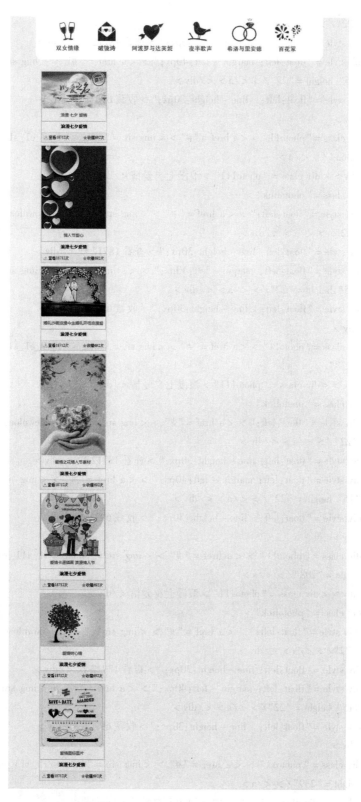

图 5-28　效果图（6）

height = "22"/ > </a > </div >

     < div style = "float:left; line – height:30px;" > 查看 18712 次 </div >

     < div style = "float:left; margin – left:40px;" > < a href = "#" > < img src = " images/sc. jpg" width = "15" height = "22"/ > </a > </div >

     < div style = "float:left;   line – height:30px;" >收藏 692 次 </div >

     </div >

     < div class = "photo11" > < a href = "#" > < img src = " images/r1_r7_c1_s1. jpg" width = "211" height = "363"/ > </a >

     </div > < div class = "photo111" >浪漫七夕爱情 </div >

     < div class = "photolink" >

      < div style = "float:left;" > < a href = "#" > < img src = " images/download. jpg" width = "19" height = "22"/ > </a > </div >

     < div style = "float:left; line – height:30px;" >查看 18712 次 </div >

     < div style = "float:left; margin – left:40px;" > < a href = "#" > < img src = " images/sc. jpg" width = "15" height = "22"/ > </a > </div >

     < div style = "float:left;   line – height:30px;" >收藏 692 次 </div >

     </div >

     < div class = "photo11" > < a href = "#" > < img src = " images/r1_r9_c1_s1. jpg" width = "211" height = "238"/ > </a >

     </div > < div class = "photo111" >浪漫七夕爱情 </div >

     < div class = "photolink" >

      < div style = "float:left;" > < a href = "#" > < img src = " images/download. jpg" width = "19" height = "22"/ > </a > </div >

     < div style = "float:left; line – height:30px;" >查看 18712 次 </div >

     < div style = "float:left; margin – left:40px;" > < a href = "#" > < img src = " images/sc. jpg" width = "15" height = "22"/ > </a > </div >

     < div style = "float:left;   line – height:30px;" >收藏 692 次 </div >

     </div >

     < div class = "photo11" > < a href = "#" > < img src = " images/r1 _r11 _c1 _s1. jpg" width = "211" height = "208"/ > </a >

     </div > < div class = "photo111" >浪漫七夕爱情 </div >

     < div class = "photolink" >

      < div style = "float:left;" > < a href = "#" > < img src = " images/download. jpg" width = "19" height = "22"/ > </a > </div >

     < div style = "float:left; line – height:30px;" >查看 18712 次 </div >

     < div style = "float:left; margin – left:40px;" > < a href = "#" > < img src = " images/sc. jpg" width = "15" height = "22"/ > </a > </div >

     < div style = "float:left;   line – height:30px;" >收藏 692 次 </div >

     </div >

     < div class = "photo11" > < a href = "#" > < img src = " images/r1 _r13_c1 _s1. jpg" width = "211" height = "239"/ > </a >

     </div > < div class = "photo111" >浪漫七夕爱情 </div >

     < div class = "photolink" >

```
      < div style = " float: left; " > < a href = " #" > < img src = " images/download. jpg" width = " 19"
height = " 22" / > < /a > < /div >

          < div style = " float: left; line – height:30px;" > 查看 18712 次 < /div >

          < div style = " float: left; margin – left:40px;" > < a href = " #" > < img src = " images/sc. jpg"
width = " 15" height = " 22" / > < /a > < /div >

          < div style = " float: left;    line – height:30px;" > 收藏 692 次 < /div >

          < /div >
```

20）用同样的方法可制作出右边几列的图片墙，即在前面的 photo1 后面添加以下 HTML 代码，显示效果如图 5-29 所示。

```
    < div class = " photo1" >
        < div class = " photo11" >
        < a href = " #" > < img src = " images/r2_r1_c1_s1. jpg" width = " 211" height = " 250" / > < /a
> < /div > < div class = " photo111" > 浪漫七夕爱情 < /div >
        < div class = " photolink" >
        < div style = " float: left; " > < a href = " #" > < img src = " images/download. jpg" width = " 19"
height = " 22" / > < /a > < /div >
        < div style = " float: left; line – height:30px;" > 查看 18712 次 < /div >
        < div style = " float: left; margin – left:40px;" > < a href = " #" > < img src = " images/sc. jpg"
width = " 15" height = " 22" / > < /a > < /div >
        < div style = " float: left;    line – height:30px;" > 收藏 692 次 < /div >
        < /div >
        < div class = " photo11" > < a href = " #" > < img src = " images/r2_r3_c1_s1. jpg" width =
" 211" height = " 172" / > < /a >
        < /div > < div class = " photo111" > 浪漫七夕爱情 < /div >
        < div class = " photolink" >
        < div style = " float: left; " > < a href = " #" > < img src = " images/download. jpg" width = " 19"
height = " 22" / > < /a > < /div >
        < div style = " float: left; line – height:30px;" > 查看 18712 次 < /div >
        < div style = " float: left; margin – left:40px;" > < a href = " #" > < img src = " images/sc. jpg"
width = " 15" height = " 22" / > < /a > < /div >
        < div style = " float: left;    line – height:30px;" > 收藏 692 次 < /div >
        < /div >
        < div class = " photo11" > < a href = " #" > < img src = " images/r2_r5_c1_s1. jpg" width =
" 211" height = " 313" / > < /a >
        < /div > < div class = " photo111" > 浪漫七夕爱情 < /div >
        < div class = " photolink" >
        < div style = " float: left; " > < a href = " #" > < img src = " images/download. jpg" width = " 19"
height = " 22" / > < /a > < /div >
        < div style = " float: left; line – height:30px;" > 查看 18712 次 < /div >
        < div style = " float: left; margin – left:40px;" > < a href = " #" > < img src = " images/sc. jpg"
width = " 15" height = " 22" / > < /a > < /div >
        < div style = " float: left;    line – height:30px;" > 收藏 692 次 < /div >
        < /div >
```

图 5-29　效果图（7）

```
< div class = " photo11" > < a href = " #" > < img src = " images/r2_r7_c1_s1. jpg" width =
"211" height = "315"/ > </a >
    </div > < div class = " photo111" >浪漫七夕爱情 </div >
    < div class = " photolink" >
    < div style = " float:left;" > < a href = " #" > < img src = " images/download. jpg" width = "19"
height = "22"/ > </a > </div >
    < div style = " float:left; line - height:30px;" >查看 18712 次 </div >
    < div style = " float:left; margin - left:40px;" > < a href = " #" > < img src = " images/sc. jpg"
width = "15" height = "22"/ > </a > </div >
    < div style = " float:left;  line - height:30px;" >收藏 692 次 </div >
    </div >
    < div class = " photo11" > < a href = " #" > < img src = " images/r2_r9_c1_s1. jpg" width =
"211" height = "252"/ > </a >
    </div > < div class = " photo111" >浪漫七夕爱情 </div >
    < div class = " photolink" >
    < div style = " float:left;" > < a href = " #" > < img src = " images/download. jpg" width = "19"
height = "22"/ > </a > </div >
    < div style = " float:left; line - height:30px;" >查看 18712 次 </div >
    < div style = " float:left; margin - left:40px;" > < a href = " #" > < img src = " images/sc. jpg"
width = "15" height = "22"/ > </a > </div >
    < div style = " float:left;  line - height:30px;" >收藏 692 次 </div >
    </div >
    < div class = " photo11" > < a href = " #" > < img src = " images/r2_r11_c1_s1. jpg" width =
"211" height = "198"/ > </a >
    </div > < div class = " photo111" >浪漫七夕爱情 </div >
    < div class = " photolink" >
    < div style = " float:left;" > < a href = " #" > < img src = " images/download. jpg" width = "19"
height = "22"/ > </a > </div >
    < div style = " float:left; line - height:30px;" >查看 18712 次 </div >
    < div style = " float:left; margin - left:40px;" > < a href = " #" > < img src = " images/sc. jpg"
width = "15" height = "22"/ > </a > </div >
    < div style = " float:left;  line - height:30px;" >收藏 692 次 </div >
    </div >
    < div class = " photo11" > < a href = " #" > < img src = " images/r2_r13_c1_s1. jpg" width =
"211" height = "505"/ > </a >
    </div > < div class = " photo111" >浪漫七夕爱情 </div >
    < div class = " photolink" >
    < div style = " float:left;" > < a href = " #" > < img src = " images/download. jpg" width = "19"
height = "22"/ > </a > </div >
    < div style = " float:left; line - height:30px;" >查看 18712 次 </div >
    < div style = " float:left; margin - left:40px;" > < a href = " #" > < img src = " images/sc. jpg"
width = "15" height = "22"/ > </a > </div >
    < div style = " float:left;  line - height:30px;" >收藏 692 次 </div >
    </div >
    </div >
```

```html
< div class = " photo1 " >
< div class = " photo11 " >
< a href = " # " > < img src = " images/r3_r1_c1_s1. jpg" width = "211" height = "317"/ > </a
> </div > < div class = " photo111" > 浪漫七夕爱情 </div >
< div class = " photolink " >
< div style = " float:left;" > < a href = " # " > < img src = " images/download. jpg" width = "19"
height = "22"/ > </a > </div >
< div style = " float:left; line – height:30px;" > 查看 18712 次 </div >
< div style = " float:left; margin – left:40px;" > < a href = " # " > < img src = " images/sc. jpg"
width = "15" height = "22"/ > </a > </div >
< div style = " float:left;    line – height:30px;" > 收藏 692 次 </div >
</div >
< div class = " photo11" > < a href = " # " > < img src = " images/r3_r3_c1_s1. jpg" width =
"211" height = "284"/ > </a >
</div > < div class = " photo111" >浪漫七夕爱情 </div >
< div class = " photolink " >
< div style = " float:left;" > < a href = " # " > < img src = " images/download. jpg" width = "19"
height = "22"/ > </a > </div >
< div style = " float:left; line – height:30px;" > 查看 18712 次 </div >
< div style = " float:left; margin – left:40px;" > < a href = " # " > < img src = " images/sc. jpg"
width = "15" height = "22"/ > </a > </div >
< div style = " float:left;    line – height:30px;" > 收藏 692 次 </div >
</div >
< div class = " photo11" > < a href = " # " > < img src = " images/r3_r5_c1_s1. jpg" width =
"211" height = "181"/ > </a >
</div > < div class = " photo111" >浪漫七夕爱情 </div >
< div class = " photolink " >
< div style = " float:left;" > < a href = " # " > < img src = " images/download. jpg" width = "19"
height = "22"/ > </a > </div >
< div style = " float:left; line – height:30px;" > 查看 18712 次 </div >
< div style = " float:left; margin – left:40px;" > < a href = " # " > < img src = " images/sc. jpg"
width = "15" height = "22"/ > </a > </div >
< div style = " float:left;    line – height:30px;" > 收藏 692 次 </div >
</div >
< div class = " photo11" > < a href = " # " > < img src = " images/r3_r7_c1_s1. jpg" width =
"211" height = "228"/ > </a >
</div > < div class = " photo111" >浪漫七夕爱情 </div >
< div class = " photolink " >
< div style = " float:left;" > < a href = " # " > < img src = " images/download. jpg" width = "19"
height = "22"/ > </a > </div >
< div style = " float:left; line – height:30px;" > 查看 18712 次 </div >
< div style = " float:left; margin – left:40px;" > < a href = " # " > < img src = " images/sc. jpg"
width = "15" height = "22"/ > </a > </div >
< div style = " float:left;    line – height:30px;" > 收藏 692 次 </div >
```

```
                    </div >
          < div class = " photo11" > < a href = " #" > < img src = " images/r3_r9_c1_s1. jpg" width = "
211" height = "305"/ > </a >
          </div > < div class = " photo111" >浪漫七夕爱情 </div >
          < div class = " photolink" >
           < div style = " float:left;" > < a href = " #" > < img src = " images/download. jpg" width = "19"
height = "22"/ > </a > </div >
          < div style = " float:left; line – height:30px;" >查看 18712 次 </div >
          < div style = " float:left; margin – left:40px;" > < a href = " #" > < img src = " images/sc. jpg"
width = "15" height = "22"/ > </a > </div >
          < div style = " float:left;   line – height:30px;" >收藏 692 次 </div >
          </div >
          < div class = " photo11" > < a href = " #" > < img src = " images/r3_r11_c1_s1. jpg" width =
"211" height = "257"/ > </a >
          </div > < div class = " photo111" >浪漫七夕爱情 </div >
          < div class = " photolink" >
           < div style = " float:left;" > < a href = " #" > < img src = " images/download. jpg" width = "19"
height = "22"/ > </a > </div >
          < div style = " float:left; line – height:30px;" >查看 18712 次 </div >
          < div style = " float:left; margin – left:40px;" > < a href = " #" > < img src = " images/sc. jpg"
width = "15" height = "22"/ > </a > </div >
          < div style = " float:left;   line – height:30px;" >收藏 692 次 </div >
          </div >
          < div class = " photo11" > < a href = " #" > < img src = " images/r3_r13_c1_s1. jpg" width =
"211" height = "252"/ > </a >
          </div > < div class = " photo111" >浪漫七夕爱情 </div >
          < div class = " photolink" >
           < div style = " float:left;" > < a href = " #" > < img src = " images/download. jpg" width = "19"
height = "22"/ > </a > </div >
          < div style = " float:left; line – height:30px;" >查看 18712 次 </div >
          < div style = " float:left; margin – left:40px;" > < a href = " #" > < img src = " images/sc. jpg"
width = "15" height = "22"/ > </a > </div >
          < div style = " float:left;   line – height:30px;" >收藏 692 次 </div >
          </div >
      </div >

      < div class = " photo1" >
       < div class = " photo11" >
       < a href = " #" > < img src = " images/r4_r1_c1_s1. jpg" width = "211" height = "124"/ > </a
> </div > < div class = " photo111" >浪漫七夕爱情 </div >
          < div class = " photolink" >
           < div style = " float:left;" > < a href = " #" > < img src = " images/download. jpg" width = "19"
height = "22"/ > </a > </div >
          < div style = " float:left; line – height:30px;" >查看 18712 次 </div >
          < div style = " float:left; margin – left:40px;" > < a href = " #" > < img src = " images/sc. jpg"
```

width = "15" height = "22"/ > </a > </div >

  < div style = "float:left; line - height:30px;" >收藏 692 次 </div >

  </div >

  < div class = "photo11" > < a href = "#" > < img src = "images/r4_r3_c1_s1.jpg" width = "211" height = "331"/ > </a >

  </div > < div class = "photo111" >浪漫七夕爱情 </div >

  < div class = "photolink" >

  < div style = "float:left;" > < a href = "#" > < img src = "images/download.jpg" width = "19" height = "22"/ > </a > </div >

  < div style = "float:left; line - height:30px;" >查看 18712 次 </div >

  < div style = "float:left; margin - left:40px;" > < a href = "#" > < img src = "images/sc.jpg" width = "15" height = "22"/ > </a > </div >

  < div style = "float:left; line - height:30px;" >收藏 692 次 </div >

  </div >

  < div class = "photo11" > < a href = "#" > < img src = "images/r4_r5_c1_s1.jpg" width = "211" height = "197"/ > </a >

  </div > < div class = "photo111" >浪漫七夕爱情 </div >

  < div class = "photolink" >

  < div style = "float:left;" > < a href = "#" > < img src = "images/download.jpg" width = "19" height = "22"/ > </a > </div >

  < div style = "float:left; line - height:30px;" >查看 18712 次 </div >

  < div style = "float:left; margin - left:40px;" > < a href = "#" > < img src = "images/sc.jpg" width = "15" height = "22"/ > </a > </div >

  < div style = "float:left; line - height:30px;" >收藏 692 次 </div >

  </div >

  < div class = "photo11" > < a href = "#" > < img src = "images/r4_r7_c1_s1.jpg" width = "211" height = "505"/ > </a >

  </div > < div class = "photo111" >浪漫七夕爱情 </div >

  < div class = "photolink" >

  < div style = "float:left;" > < a href = "#" > < img src = "images/download.jpg" width = "19" height = "22"/ > </a > </div >

  < div style = "float:left; line - height:30px;" >查看 18712 次 </div >

  < div style = "float:left; margin - left:40px;" > < a href = "#" > < img src = "images/sc.jpg" width = "15" height = "22"/ > </a > </div >

  < div style = "float:left; line - height:30px;" >收藏 692 次 </div >

  </div >

  < div class = "photo11" > < a href = "#" > < img src = "images/r4_r9_c1_s1.jpg" width = "211" height = "314"/ > </a >

  </div > < div class = "photo111" >浪漫七夕爱情 </div >

  < div class = "photolink" >

  < div style = "float:left;" > < a href = "#" > < img src = "images/download.jpg" width = "19" height = "22"/ > </a > </div >

  < div style = "float:left; line - height:30px;" >查看 18712 次 </div >

  < div style = "float:left; margin - left:40px;" > < a href = "#" > < img src = "images/sc.jpg" width = "15" height = "22"/ > </a > </div >

<div style = "float:left; line - height:30px;">收藏692次</div>

</div>

<div class = "photo11"> <a href = "#"> <img src = "images/r4_r11_c1_s1.jpg" width = "211" height = "308"/> </a>

</div> <div class = "photo111">浪漫七夕爱情</div>

<div class = "photolink">

<div style = "float:left;"> <a href = "#"> <img src = "images/download.jpg" width = "19" height = "22"/> </a> </div>

<div style = "float:left; line - height:30px;">查看18712次</div>

<div style = "float:left; margin - left:40px;"> <a href = "#"> <img src = "images/sc.jpg" width = "15" height = "22"/> </a> </div>

<div style = "float:left; line - height:30px;">收藏692次</div>

</div>   </div>

21）在 photowall 后添加 id 名为 changepage 的 Div，用于显示图片墙页码，这里用下面的 HTML 代码作展示效果：

<div id = "changepage" style = "text - align:center;"> <img src = "images/p3_r9_c3_s1.jpg" width = "594" height = "40"/> </div>

22）与前面的页面一样，在 content 后添加以下代码产生页面底部内容，制作完成。

<div class = "bottom_top"> </div>

<div class = "bottom">

<div class = "bottom3">

<div class = "bottom1">

<div class = "bottom_left"> <img src = "images/rwm.jpg" width = "107" height = "111"/> </div>

<div class = "bottom_middle"> hjhdsfhjadsf <br/> hjdfhg <br/> hdfhugyus <br/> hjhdsfhjadsf <br/> hjdfhg <br/> hdfhugyus
 </div>

<div class = "bottom_right">

<div class = "logo2"> <img src = "images/logo2.jpg" width = "214" height = "34"/> </div>

<div class = "text1"> sdg </div>

<div class = "text1"> cvb </div>

<div class = "text1"> cxvbxc </div>

<div class = "text1"> 34t3 </div>

<div class = "text2"> dfg </div>

<div class = "text3"> xcfb </div>

</div>

</div>

<div class = "bottom2"> fghdfh </div>

</div>

</div>

任务5.4 鲜花销售网站分页（保养物语）的制作

5.4.1 任务分析

本任务进行鲜花销售网站"保养物语"分页面静态模板的设计制作，由于保养内容及步骤一般不会经常变化，所示该页面不一定需要做成动态页面，这里为制作简单起见，中间只插入了几幅图片。

5.4.2 页面结构分析

1. 页面效果

页面效果如图5-30所示。

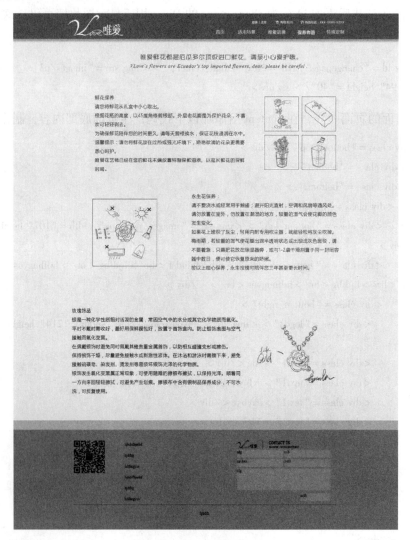

图5-30 页面效果图

2. 布局分析

页面布局结构如图 5-31 所示。

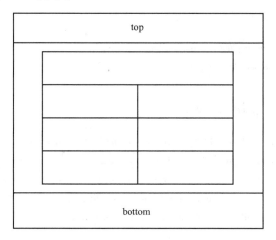

图 5-31 页面布局结构图

5.4.3 任务实施

1）在网站根目录中新建 vlove4. html 文档，在 style 子目录中新建一个样式文件 css4. css。

2）在 vlove4. html 中附加 css4. css 样式文件。

3）在 css4. css 中定义以下页面基本样式：

```
* {
    margin:0;
    padding:0;
    border:0;
}
body {

    background - color:#f3f3f3;
    font - size:12px;
    color:#19181c;

}
```

4）在页面中添加 id 名为 top 的 Div，在 css4. css 中定义样式如下：

```
#top {
    width:100%;
    height:115px;
    background - image:url(.. / images / topbg3. jpg);
    background - repeat:repeat - x;

}
```

5）在 top 中添加 id 名为 login 的 Div，样式如下，显示效果如图 5-32 所示。

225

```
#login{
    width:1000px;
    margin:0 auto;
    height:115px;
    background - image:url(../images/logo4 - 4. jpg);
    background - repeat:no - repeat;
}
```

6）在 login 中添加以下 HTML 代码：

```
< a href = "#" target = "_blank" > < div class = "md1" > </div > </a >
< a href = "#" target = "_blank" > < div class = "md2" > </div > </a >
< a href = "#" target = "_blank" > < div class = "md3" > </div > </a >
< a href = "index. html" > < div class = "md4" > </div > </a >
< a href = "vlove2. html" > < div class = "md5" > </div > </a >
< a href = "vlove3. html" > < div class = "md6" > </div > </a >
< div class = "md7" > </div >
< a href = "vlove5. html" > < div class = "md8" > </div > </a >
```

7）在 css4. css 中添加以下样式代码，显示效果如图 5-32 所示。

```
. md1{
    width:25px;
    height:12px;
    margin - left:650px;
    float:left;
    margin - top:26px;
}
. md2{
    float:left;
    width:25px;
    height:12px;
    margin - top:26px;
    margin - left:5px;
}
. md3{
    float:left;
    margin - top:26px;
    width:60px;
    height:12px;
    margin - left:32px;
    margin - bottom:8px;
}
. md4{
    clear:both;
```

```
        width:33px;
        height:15px;
        margin - top:8px;
        margin - left:535px;
        float:left;
    }
.md5{
        float:left;
        width:60px;
        margin - top:8px;
        height:15px;
        margin - left:40px;
    }
.md6{
        float:left;
        width:65px;
        height:15px;
        margin - top:8px;
        margin - left:35px;
    }
.md7{
        float:left;
        width:65px;
        height:15px;
        margin - top:8px;
        margin - left:35px;
    }
.md8{
        float:left;
        width:65px;
        height:15px;
        margin - top:8px;
        margin - left:32px;
    }
```

图 5-32　效果图（1）

8）在 top 后添加 id 名为 content 的 Div，样式如下：

```
#content{
```

```
        width:901px;
        margin:0 auto;
}
```

9）在 content 中添加以下 HTML 代码：

```
< div id = " title " > < img src = " images/v4 – 1. jpg " width = " 901 " height = " 98 " / > < /div >
< div id = " text1 " > < img src = " images/v4 – 2. jpg " width = " 596 " height = " 328 " / > < /div >
< div id = " pic1 " > < img src = " images/v4 – 3. jpg " width = " 305 " height = " 328 " / > < /div >
< div id = " pic2 " > < img src = " images/v4 – 4. jpg " width = " 353 " height = " 343 " / > < /div >
< div id = " text2 " > < img src = " images/v4 – 5. jpg " width = " 548 " height = " 343 " / > < /div >
< div id = " text3 " > < img src = " images/v4 – 6. jpg " width = " 596 " height = " 380 " / > < /div >
< div id = " pic3 " > < img src = " images/v4 – 7. jpg " width = " 305 " height = " 380 " / > < /div >
```

10）在 css4. css 中添加以下样式代码，显示效果如图 5–33 所示。

```
#title{
        width:901px;
        height:98px;
}
#text1{
        width:596px;
        height:328px;
        float:left;
}
#pic1{
        width:305px;
        height:328px;
        float:left;
}
#pic2{
        width:353px;
        height:343px;
        float:left;
}
#text2{
        width:548px;
        height:343px;
        float:left;
}
#text3{
        width:596px;
        height:380px;
        float:left;
}
```

```
#pic3{
    width:305px;
    height:380px;
    float:left;
}
```

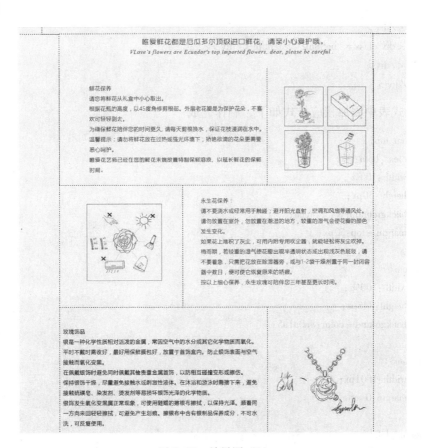

图 5-33　效果图（2）

11）与前面的页面一样，设置页面底部结构如下：

```
< div class = "bottom_top" > </div >
  < div class = "bottom" >
  < div class = "bottom3" >
    < div class = "bottom1" >
      < div class = "bottom_left" > < img src = "images/rwm. jpg" width = "107" height = "111"/ >
</div >
      < div class = "bottom_middle" > hjhdsfhjadsf < br/ > hjdfhg < br/ > hdfhugyus < br/ > hjhdsfh-
jadsf < br/ > hjdfhg < br/ > hdfhugyus < br/ > </div >
      < div class = "bottom_right" >
        < div class = "logo2" > < img src = "images/logo2. jpg" width = "214" height = "34"/ > </div >
        < div class = "text1" > sdg </div >
        < div class = "text1" > cvb </div >
```

```
            < div class = " text1 " > cxvbxc </ div >
            < div class = " text1 " > 34t3 </ div >
            < div class = " text2 " > dfg </ div >
            < div class = " text3 " > xcfb </ div >
        </ div >
      </ div >
    < div class = " bottom2 " > fghdfh </ div >
    </ div >
  </ div >
```

12）在样式表中添加相应样式如下，制作完成。

```
. bottom_top{
    clear:both;
    width:100%;
    height:30px;
    background - color:#ccc;
    margin - top:50px;
}
. bottom{
    width:100%;
    height:348px;
    background - color:#a0a1a5;
}
. bottom3{
    width:1001px;
    margin:0 auto;
}
. bottom_left{
    float:left;
    margin - left:65px;
    margin - top:30px;
    width:107px;
    height:111px;
}
. bottom_middle{
    line - height:35px;
    float:left;
    margin - left:65px;
    margin - top:30px;
    width:300px;
}
. bottom_right{
        float:left;
    margin - left:65px;
```

```
        margin - top:30px;
        width:320px;
        height:200px;
    }
    . bottom2 {
        clear:left;
        padding - top:20px;
        text - align:center;
        margin:0 auto;
        width:869px;
        height:80px;
        border - top:1px solid #666;
    }
    . text1 {
        float:left;
        margin - left:5px;
        margin - bottom:5px;
        width:152px;
        height:25px;
        background - color:#adadad;
    }
    . text2 {
        float:left;
        margin - left:5px;
        margin - bottom:10px;
        width:310px;
        height:70px;
        background - color:#adadad;
    }
    . text3 {
        clear:left;
        margin - left:215px;
        margin - bottom:5px;
        width:100px;
        height:25px;
        background - color:#adadad;
    }
```

任务 5.5 鲜花销售网站分页（特殊定制）的制作

5.5.1 任务分析

本任务进行鲜花销售网站"特殊定制"分页面静态模板的设计制作。

5.5.2 页面结构分析

1. 页面效果

页面效果如图 5-34 所示。

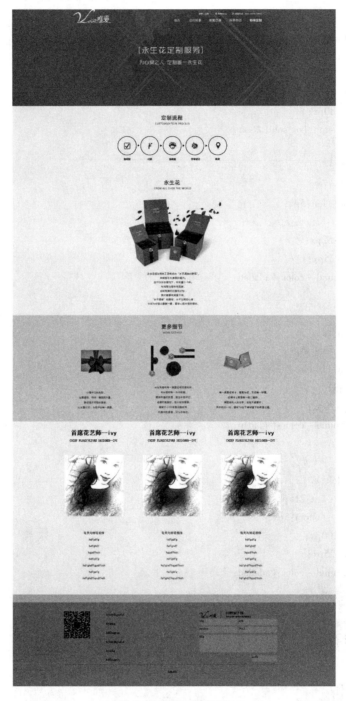

图 5-34　页面效果图

2. 布局分析

该页面采用与网站其他页面一致的结构，顶部使用一幅大尺寸的 banner，简洁大气。为叙述方便，页面中直接使用了图片填充，实际应用时可以替换成文本并设置相应样式。页面布局结构如图 5-35 所示。

图 5-35　页面布局结构图

| 头部banner |
| 定制流程 |
| 更多细节 |
| 花艺师介绍 |
| bottom |

5.5.3　任务实施

1）在网站根目录下新建 vlove5. htm，在 style 子目录中新建样式文件 css5. css。

2）在 vlove5. htm 中附加外部样式文件 css5. css。

3）在 css5. css 中添加以下基本样式代码：

```
*｛
    margin:0;
    padding:0;
    border:0;
｝
body｛

    background - color:#f3f3f3;
    font - size:12px;
    color:#19181c;

｝
```

4）在 body 中添加 id 名为 topbox5 的 Div，样式如下：

```
#topbox5｛
    width:100%;
    height:383px;
    background - color:#888;
｝
```

5）在 topbox5 中添加 id 名为 top5 的 Div，样式如下，显示结果如图 5-36 所示。

```
#top5｛
    width:1000px;
    height:383px;
    margin:0 auto;
    background - image:url(../images/vlove5_r1_c1_s1.jpg);
    background - repeat:no - repeat;
｝
```

6）在 top5 中添加以下 HTML 代码：

```
< a href = "#" target = "_blank" > < div class = "md51" > </div > </a >
```

233

图 5-36 效果图（1）

```
< a href = "#" target = "_blank" > < div class = "md52" > </div> </a>
< a href = "#" target = "_blank" > < div class = "md53" > </div> </a>
< a href = "index. html" > < div class = "md54" > </div> </a>
< a href = "vlove2. html" > < div class = "md55" > </div> </a>
< a href = "vlove3. html" > < div class = "md56" > </div> </a>
< a href = "vlove4. html" >  < div class = "md57" > </div> </a>
< div class = "md58" > </div>
```

7）在 css5. css 中添加以下样式代码：

```
. md51 {
    width:25px;
    height:12px;
    margin - left:600px;
    float:left;
    margin - top:21px;
}
. md52 {
    float:left;
    width:20px;
    height:12px;
    margin - top:21px;
    margin - left:5px;
}
. md53 {
    float:left;
    margin - top:21px;
    width:55px;
    height:12px;
    margin - left:16px;
    margin - bottom:8px;
```

```
        }
    .md54{
        clear:both;
        width:30px;
        height:15px;
        margin-left:505px;
        float:left;
    }
    .md55{
        float:left;
        width:54px;
        height:15px;
        margin-left:30px;
    }
    .md56{
        float:left;
        width:53px;
        height:15px;
        margin-left:26px;
    }
    .md57{
        float:left;
        width:53px;
        height:15px;
        margin-left:27px;
    }
    .md58{
        float:left;
        width:53px;
        height:15px;
        margin-left:28px;
    }
```

8）在 topbox5 后添加 id 名为 dzlc5_1 的 Div，样式如下：

```
#dzlc5_1{
    height:90px;
    width:1000px;
    margin:0 auto;
    text-align:center;
}
```

9）在 dzlc5_1 中插入图片 vlove5_r3_c8_s1.jpg，并为该图片设置样式如下，显示效果如图 5-37 所示。

```
#dzlc5_1 img{
    margin-top:30px;
}
```

图 5-37　效果图（2）

10）用同样方法，在 dzlc5_1 后分别添加 dzlc5_2、dzlc5_3、dzlc5_4、dzlc5_5 共 4 个 Div，分别在这 4 个 Div 中插入图片 vlove5_r5_c3_s1.jpg、vlove5_r7_c8_s1.jpg、vlove5_r9_c3_s1.jpg、vlove5_r10_c3_s1.jpg。

11）分别为 dzlc5_2、dzlc5_3、dzlc5_4、dzlc5_5 以及它们中的图片设置样式如下，显示效果如图 5-38 所示。

```
#dzlc5_2{
    height:160px;width:1000px;margin:0 auto;text-align:center;
}
#dzlc5_2 img{
    margin-top:20px;
}
#dzlc5_3{
    height:90px;width:1000px;margin:0 auto;text-align:center;
}
#dzlc5_3 img{
    margin-top:30px;
}
#dzlc5_4{
    height:300px;width:1000px;margin:0 auto;text-align:center;
}
#dzlc5_4 img{
    margin-top:10px;
}
```

236

```
#dzlc5_5{
    height:170px;
    width:1000px;
    margin:0 auto;
    text－align:center;
}
```

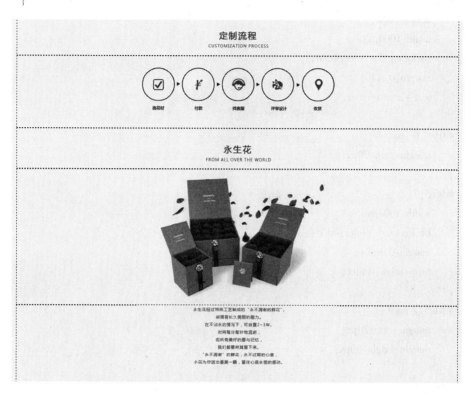

图5-38 效果图（3）

12）在dzlc5_5后添加id名为gdxj5的Div，样式如下：

```
#gdxj5{
    width:100%;
    background－color:#ddd;
    margin:0 auto;
    text－align:center;
}
```

13）在gdxj5中添加以下HTML代码：

< div id = "dzlc5_6" > < img src = "images/vlove5_r12_c8_s1. jpg" width = "148" height = "47"/ >
</ div >
< div id = "dzlc5_7" > < img src = "images/vlove5_r14_c2_s1. jpg" width = "153" height = "141"/ >
< img src = "images/vlove5_r14_c7_s1. jpg" width = "198" height = "141" style = "margin－left:
90px;"/ > < img src = "images/vlove5_r14_c12_s1. jpg" width = "224" height = "141"/ > </ div >
< div id = "dzlc5_8" > < img src = "images/vlove5_r15_c2_s1. jpg" width = "153" height = "128"

style = "margin - left:70px;"/ > < img src = "images/vlove5_r15_c7_s1. jpg" width = "198" height = "128" style = "margin - left:70px;"/ > < img src = "images/vlove5_r15_c12_s1. jpg" width = "224" height = "128" style = "margin - left:10px;"/ > < /div >

14）在样式表中添加以下样式代码，显示结果如图 5-39 所示。

```
#dzlc5_6{
    height:90px;
    width:1000px;
    background - color:#ddd;
    margin:0 auto;
    text - align:center;
}
#dzlc5_6 img{
    margin - top:30px;
}
#dzlc5_7{
    width:1000px;
    background - color:#ddd;
    margin:0 auto;
    text - align:center;
}
#dzlc5_7 img{
    margin - top:20px;
    margin - right:30px;
}
#dzlc5_8{
    width:1000px;
    background - color:#ddd;
    margin:0 auto;
    text - align:center;
    height:160px;
}
#dzlc5_8 img{
    margin - top:10px;
    margin - right:60px;
}
```

15）在 gdxj5 后添加 class 名为 sxhys_box 的 Div，样式如下：

```
.sxhys_box{
    width:1000px;
    margin:0 auto;
}
```

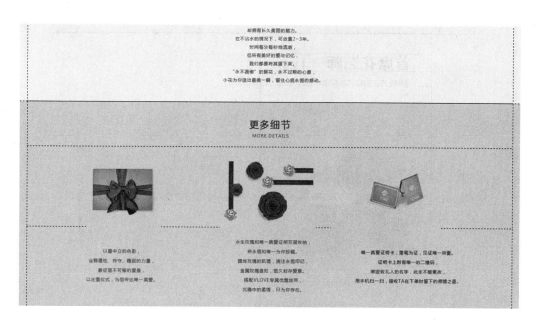

图 5-39　效果图（4）

16）在 sxhys_box 中添加 class 名为 sxhys 的 Div，样式如下：

```
. sxhys{
    float:left;
    width:250px;
    margin - left:62px;
}
```

17）在 sxhys 中添加以下 HTML 代码：

```
< div id = "dzlc5_9" > < div class = "sxhys_name" > 首席花艺师 - - ivy </div > < div style = "font
- size:10px;" >CHIEF FLORICULTURE DESIGNER - -IVY </div > </div >
< div id = "dzlc5_10" > < img src = "images/vlove5_r19_c6_s1. jpg" width = "238" height = "237"/ >
</div >
< div id = "dzlc5_11" > 每天与鲜花相伴 < br/ > hdfgdfg < br/ > hdfghdf < br/ > hgsdfhsh < br/ > hdfg-
dfg < br/ > hdfghdfhgsdfhsh < br/ > hdfgdfg < br/ > hdfghdfhgsdfhsh < br/ >
</div >
```

18）在样式表中添加以下样式代码，显示效果如图 5-40 所示。

```
#dzlc5_9{
    height:60px;
    width:250px;
    margin:0 auto;
    text - align:center;
}
#dzlc5_9 img{
    margin - top:40px;
```

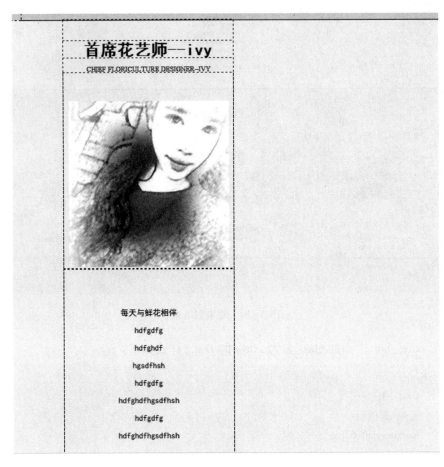

图 5-40　效果图（5）

```
}
#dzlc5_10{
    height:280px;
    width:250px;
    margin:0 auto;
    text-align:center;
}
#dzlc5_10 img{
    margin-top:40px;
}
#dzlc5_11{
    padding:50px 0px;
    line-height:25px;
    height:200px;
    width:250px;
    margin:0 auto;
    font-family:"黑体";
```

```
        font - size:12px;
        text - align:center;
    }
#dzlc5_11 img{
        margin - top:50px;
    }
. sxhys_name{
        margin - top:30px;margin - bottom:10px;
        font - family:'黑体'; font - size:24px;
        font - weight:bold;
    }
```

19）复制 sxhys 的 HTML 代码，在其后再粘贴两遍，显示效果如图 5-41 所示。

图 5-41　效果图（6）

20）在 sxhys_box 后添加与前面页面相同的页面底部 HTML 代码：

```
< div class = "bottom_top" > < /div >
    < div class = "bottom" >
    < div class = "bottom3" >
        < div class = "bottom1" >
            < div class = "bottom_left" > < img src = "images/rwm. jpg" width = "107" height = "111" / >
< /div >
            < div class = "bottom_middle" > hjhdsfhjadsf < br/ > hjdfhg < br/ > hdfhugyus < br/ > hjhdsfh-
jadsf < br/ > hjdfhg < br/ > hdfhugyus < br/ > < /div >
            < div class = "bottom_right" >
```

```
        < div class = " logo2" > < img src = " images/logo2. jpg" width = " 214" height = " 34"/ > </
div >
        < div class = " text1" > sdg </div >
        < div class = " text1" > cvb </div >
        < div class = " text1" > cxvbxc </div >
        < div class = " text1" >34t3 </div >
        < div class = " text2" > dfg </div >
        < div class = " text3" > xcfb </div >
      </div >
    </div >
    < div class = " bottom2" > fghdfh </div >
    </div >
  </div >
```

21）在样式表中加入以下样式代码，制作完成。

```
. bottom_top{
    clear:both;
    width:100% ;
    height:30px;
    background - color:#ccc;
    margin - top:50px;
}
. bottom{
    width:100% ;
    height:348px;
    background - color:#a0a1a5;
}
. bottom3{
    width:1001px;
    margin:0 auto;
}
. bottom_left{
    float:left;
    margin - left:65px;
    margin - top:30px;
    width:107px;
    height:111px;
}
. bottom_middle{
    line - height:35px;
    float:left;
    margin - left:65px;
    margin - top:30px;
```

```css
        width:300px;
    }
.bottom_right{
        float:left;
        margin-left:65px;
        margin-top:30px;
        width:320px;
        height:200px;
    }
.bottom2{
        clear:left;
        padding-top:20px;
        text-align:center;
        margin:0 auto;
        width:869px;
        height:80px;
        border-top:1px solid #666;
    }
.text1{
        float:left;
        margin-left:5px;
        margin-bottom:5px;
        width:152px;
        height:25px;
        background-color:#adadad;
    }
.text2{
        float:left;
        margin-left:5px;
        margin-bottom:10px;
        width:310px;
        height:70px;
        background-color:#adadad;
    }
.text3{
        clear:left;
        margin-left:215px;
        margin-bottom:5px;
        width:100px;
        height:25px;
        background-color:#adadad;
    }
```

参 考 文 献

［1］周苏峡，陈文明．网页设计实用教程［M］.2 版．北京：清华大学出版社，北京交通大学出版社，2010.

［2］畅利红．Div + CSS3.0 网页样式与布局全程揭秘［M］.北京：清华大学出版社，2012.

［3］刘志成，宁云智．Web 项目开发教程（ASP. NET）［M］.北京：电子工业出版社，2010.

［4］张洪斌．刘万辉．网页设计与制作（HTML + CSS + JavaScript）［M］.北京：高等教育出版社，2013.

［5］卢淑萍，樊红珍．JavaScript 与 jQuery 实战教程［M］.北京：清华大学出版社，2015.